中国科协学科发展研究系列报告
中国科学技术协会 / 主编

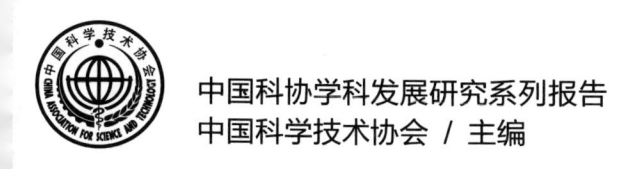

2022—2023
高端科学仪器与集成电路先进装备学科发展报告

中国物理学会　编著

中国科学技术出版社
·北　京·

图书在版编目（CIP）数据

2022—2023 高端科学仪器与集成电路先进装备学科发展报告 / 中国科学技术协会主编；中国物理学会编著 . —北京：中国科学技术出版社，2024.6

（中国科协学科发展研究系列报告）

ISBN 978-7-5236-0735-0

Ⅰ.①2… Ⅱ.①中… ②中… Ⅲ.①仪器设备 – 学科发展 – 研究报告 – 中国 –2022-2023 ②集成电路 – 电子设备 – 学科发展 – 研究报告 – 中国 –2022-2023 Ⅳ.① TH7-12 ② TN4-12

中国国家版本馆 CIP 数据核字（2024）第 090966 号

策　　划	刘兴平　秦德继
责任编辑	余　君
封面设计	北京潜龙
正文设计	中文天地
责任校对	吕传新
责任印制	徐　飞

出　　版	中国科学技术出版社
发　　行	中国科学技术出版社有限公司
地　　址	北京市海淀区中关村南大街16号
邮　　编	100081
发行电话	010-62173865
传　　真	010-62173081
网　　址	http://www.cspbooks.com.cn

开　　本	787mm×1092mm　1/16
字　　数	243千字
印　　张	11.25
版　　次	2024年6月第1版
印　　次	2024年6月第1次印刷
印　　刷	河北鑫兆源印刷有限公司
书　　号	ISBN 978-7-5236-0735-0 / TH・73
定　　价	78.00元

（凡购买本社图书，如有缺页、倒页、脱页者，本社销售中心负责调换）

2022—2023
高端科学仪器与集成电路先进装备学科发展报告

首席科学家　赵巍胜

专　家　组　王进萍　陈　曦　姜开利　王新河
　　　　　　　柳　洋　尉国栋　魏家琦　郑翔宇
　　　　　　　张学莹　常晓阳

学术秘书组　王新河　常晓阳　尉国栋　郑翔宇　魏家琦

序

习近平总书记强调，科技创新能够催生新产业、新模式、新动能，是发展新质生产力的核心要素。要求广大科技工作者进一步增强科教兴国强国的抱负，担当起科技创新的重任，加强基础研究和应用基础研究，打好关键核心技术攻坚战，培育发展新质生产力的新动能。当前，新一轮科技革命和产业变革深入发展，全球进入一个创新密集时代。加强基础研究，推动学科发展，从源头和底层解决技术问题，率先在关键性、颠覆性技术方面取得突破，对于掌握未来发展新优势，赢得全球新一轮发展的战略主动权具有重大意义。

中国科协充分发挥全国学会的学术权威性和组织优势，于 2006 年创设学科发展研究项目，瞄准世界科技前沿和共同关切，汇聚高质量学术资源和高水平学科领域专家，深入开展学科研究，总结学科发展规律，明晰学科发展方向。截至 2022 年，累计出版学科发展报告 296 卷，有近千位中国科学院和中国工程院院士、2 万多名专家学者参与学科发展研讨，万余位专家执笔撰写学科发展报告。这些报告从重大成果、学术影响、国际合作、人才建设、发展趋势与存在问题等多方面，对学科发展进行总结分析，内容丰富、信息权威，受到国内外科技界的广泛关注，构建了具有重要学术价值、史料价值的成果资料库，为科研管理、教学科研和企业研发提供了重要参考，也得到政府决策部门的高度重视，为推进科技创新做出了积极贡献。

2022 年，中国科协组织中国电子学会、中国材料研究学会、中国城市科学研究会、中国航空学会、中国化学会、中国环境科学学会、中国生物工程学会、中国物理学会、中国粮油学会、中国农学会、中国作物学会、中国女医师协会、中国数学会、中国通信学会、中国宇航学会、中国植物保护学会、中国兵工学会、中国抗癌协会、中国有色金属学会、中国制冷学会等全国学会，围绕相关领域编纂了 20 卷学科发展报告和 1 卷综合报告。这些报告密切结合国家经济发展需求，聚焦基础学科、新兴学科以及交叉学科，紧盯原创性基础研究，系统、权威、前瞻地总结了相关学科的最新进展、重要成果、创新方法和技术发展。同时，深入分析了学科的发展现状和动态趋势，进行了国际比较，并对学科未来的发展前景进行了展望。

报告付梓之际，衷心感谢参与学科发展研究项目的全国学会以及有关科研、教学单位，感谢所有参与项目研究与编写出版的专家学者。真诚地希望有更多的科技工作者关注学科发展研究，为不断提升研究质量、推动成果充分利用建言献策。

前　言

生产工具是生产力发展水平的标志。近年来凸显的我国集成电路产业卡脖子问题也缘于核心设备受制于人。集成电路设备及其关键零部件技术大多由高端科学仪器转化而来，特别是当前垄断程度高、禁运管制严的半导体检测设备与各类尖端物理学仪器有非常高的技术重合度。这些关键环节的缺失凸显了我国相关学科领域中应用基础研究的缺失和上游关键技术研究的空白。学科发展最终要支撑科技进步和产业发展，我们需要立足国家对集成电路先进装备的战略需求，加快建设世界一流的高端科学仪器与集成电路先进装备学科。

高端科学仪器与集成电路先进装备的学科发展和产业进步是相互促进、相互依存的。仪器设备是科技社会里人们认识世界和改造世界的工具，它既是科技创新的成果，也是支撑科技进步的基础，同时也是连接科学发现与产业应用的关键环节。近年来，集成电路产业已上升为全球经贸争端的关键领域之一，高端仪器设备与集成电路产业息息相关，我国为发展自主可控的集成电路产业，加大了在仪器装备研发和产业化方面的投入力度。

本报告对高端科学仪器与集成电路先进装备学科的全球发展情况和国内现状进行全景梳理，重点阐明本学科研究热点、重要进展与未来发展趋势，通过国内外学科发展状况及举措比较研究，给出我们对本学科发展的策略和建议。解决当前本学科面临的人才短缺、基础研究薄弱、产学研脱节等问题，将大大增强集成电路产业的整体实力和我国国际竞争力。

中国物理学会
2024 年 2 月

序

前言

综合报告

高端科学仪器与集成电路先进装备

 研究现状和发展趋势 / 003

 一、引言 / 003

 二、本学科近年的最新研究进展 / 005

 三、本学科国内外研究进展比较 / 023

 四、本学科发展趋势及展望 / 030

 五、布局建议 / 039

 参考文献 / 040

专题报告

集成电路产业链研究现状及发展趋势 / 045

先进装备与工艺发展现状和分析 / 056

核心零部件与关键材料发展现状和分析 / 096

先进封测技术设备发展现状和分析 / 119

ABSTRACTS

Comprehensive Report

Report on Advances in Scientific Instruments and Equipments for Integrated Circuits / 159

Report on Special Topics

Report on Advances in Integrated Circuit Industry Chain / 163

Report on Advances in Advanced Instrument and Process / 164

Report on Advances in Core Components and Key Materials / 164

Report on Advances in Advanced Packaging and Testing Technology Instrument / 165

索引 / 166

综合报告

高端科学仪器与集成电路先进装备研究现状和发展趋势

一、引言

仪器设备是科技社会里人们认识世界和改造世界的工具,因而对科学和产业发展具有关键作用。仪器设备既是科技创新的产物,又是科学技术发展的前提。特别是今天的物理学已进入大科学装置时代,极小的尺度、极短的时间、极高的能标等研究条件都需要高端科学仪器设备来支撑。因此,推动仪器设备行业的发展,不单是填补某项产业空白,而且还确保了仪器–科学进步–新仪器–新科学这条互动的科研生态链永续健康发展。

高端仪器设备的理论原型一般来源于物理学,与电子、自动化、软件等交融后,形成可使用的系统,广泛应用于材料、化学、生物学、集成电路制造等领域前沿。随着我国科技创新能力的不断提升,高端科学仪器需求日益强烈,但是高端科学仪器市场基本被国外企业垄断,我国高水平科技工作存在被卡脖子的风险。因此,要充分认识高端科学仪器在科技创新和国民经济高质量发展中的重要战略地位,推动科学仪器产业快速发展,实现自立自强,迫在眉睫。

近年来,我国集成电路产业卡脖子问题日益凸显,核心制造设备严重受制于人是造成这一困境的重要原因。西方国家垄断了先进制造装备的技术和市场,并对我国实施技术封锁,导致我国集成电路产业在浸没式深紫外(DUV)光刻机、极紫外(EUV)光刻机、高端离子注入机等设备领域遭遇断链难题;国产设备近年来虽有突破,如薄膜沉积设备、刻蚀机、化学机械抛光等,但核心指标与国际先进制造设备仍有代差,无法支撑先进工艺制造;大部分国产设备都存在核心零部件、工艺材料及控制软件等关键上游技术无法自主可控的问题；特别是我国半导体检测设备存在严重短板，完全依赖美国设备及配套软件系统，在中美集成电路产业脱钩后对我国造成严重冲击。

集成电路制造设备总体可分为用于晶圆制造的前道设备和用于组装、测试及封装的后道设备两类。从发展态势来看，集成电路设备市场的发展与集成电路产业匹配，中国大陆及台湾地区、韩国是主要的设备消费地，是集成电路产品的制造和封测的主要地区。2022年，全球半导体产业行情走出下行趋势，据国际半导体产业协会（SEMI）发布的数据统计显示，2022年，全球半导体制造设备全球销售总额达1076亿美元，年增长5%，再创新高。中国大陆销售额为282.7亿美元，虽同比减少5%，但仍连续三年为全球之冠。这一数据显示，中国大陆仍是全球半导体设备的最大市场，一定程度上反映出中国大陆进一步加强本土半导体制造能力的强烈需求。

目前，美国、日本和欧洲是主要的设备生产和供应者。其中，在晶圆加工的前道设备方面，美国居于绝对领先地位，日本在封测设备综合实力方面稳居领先地位。据高德纳咨询公司统计，全球规模以上晶圆加工设备商共计五十八家，其中日本的企业最多，达到二十一家，占36%。在美欧收紧对我国半导体设备出口管制的背景下，2023年7月23日，日本正式实施了对先进半导体制造所需的二十三个品类设备的出口管制。高端仪器装备已经成为它们限制我国半导体产业发展的工具。

高端仪器装备是多学科、多领域交叉融合的基础研究和前沿工程技术的结晶。目前集成电路制造装备的相关应用物理研究在国内还较为匮乏。上述卡脖子关键环节凸显了我国相关领域学科建设中应用基础研究缺失和上游关键技术研究的空白。一方面我们要扶持相关产业快速解决前沿工程技术难题；另一方面我们要解决关键技术开发和应用不足的问题。实际上，绝大部分高端仪器和集成电路先进装备的技术起源于高校和研究所，特别是具有顶尖物理学科的高校。例如，EUV光刻机中光源技术就来自斯坦福大学。美国垄断的半导体设备与其物理科学仪器有着非常高的技术重合度。先进国家集成电路产业发展的经历说明，只有通过高校不断地将基础研究突破转化为前沿技术应用，集成电路才能不断地向深度和广度发展。

我国高端仪器装备领域领军人才缺乏、专业人才培养投入不足。高端仪器装备发展需要复合型高端人才的支撑，此类人才培养难度大、时间长。我国高校相关人才培养的质量和数量与国外差距明显，特定的学科培养方案割裂严重，物理学等基础不足。高端仪器行业成果产出周期长，对人才吸引力不强。国内人才评价过于看重SCI论文，具有较高综合能力的科研人员不愿从事仪器研发，影响了仪器研发人才队伍的规模和结构布局。高端技术人才的短缺已成为阻碍高端科学仪器自主创新能力提升和产业快速发展的瓶颈。只有强化相关学科，加快培养紧缺高层次人才，才能更好地支撑我国成为制造强国、科技强国。

二、本学科近年的最新研究进展

高端科学仪器与集成电路先进装备是我国在产业升级中触达的一个前沿科技堡垒。集成电路设备行业兼具知识密集、人才密集、技术密集、研发强度高等特征，大企业在行业内拥有强大的影响力。但国内相关设备公司起步晚、经验匮乏，研发能力与国际先进水平相比差距较大。相关学科建设并不完善，有不少领域尚需探索。同时，国内高校学科众多，基础研究底蕴深厚，又有学科交叉融合的优越条件，是基础研究的主力军和重大科技突破的生力军。我国高端仪器装备需要物理学的核心支撑和材料、机械、自动化、仪器、软件等多学科融合，同时也需要高水平的产教融合，使研发成果能真正落地服务产业。要挖掘高校与科研院所潜力，加快技术研发和科研转化。

（一）前道设备技术进展分析

1. 光刻机

光刻机涉及物理学、材料学以及精密制造等多学科领域，其技术挑战来自多个方面。目前，比较公认的一些技术挑战有核心光源、光学系统、工作台。在光刻机的技术发展路径中，核心光源一直是最为重要的研发重点，如果没有光源的研发进步，那么光刻机的进展也就无从谈起了。核心光源直接决定了光刻机的分辨率，也直接对应了芯片制程。从最初的汞灯光源到准分子激光器再到最新的EUV光源，随着使用的光波长不断地缩小，却面临十分复杂的基础物理及工程难题。

在光源的进化之路上，往往都是基础科学有了重要突破之后，在理论和工程上不断地进行完善，最后才逐步进入商用化。核心光源由许多子系统组成，其背后还有很多技术挑战。以EUV光源为例，商用的EUV光源必须配备20000W的大功率激光器去激发锡滴产生极紫外射线，而如此大功率激光器的制造也是制造难点。因此，每一个技术挑战的背后还有许多支撑该技术的难点需要突破。

光刻机中的光学系统极其复杂，不同种类的光刻机光学系统也是大相径庭。EUV光刻机采用反射式光路系统，在EUV光刻机之前的光刻机基本用的都是透射式光路系统。EUV所需的光学镜组是具有极高精度的钼硅多层膜反射镜。首先，这种特制的反射镜不仅需要提高对EUV的反射，还要能吸收杂光，因此它上面镀了四十层膜，主要由钼和硅的交替纳米层制作。其次是平整度，它的表面需要几乎完美的光滑与干净，每个原子都要在正确的位置。一个反射镜就涉及基础物理和精密制造等技术，整个光学系统就更为复杂了。除了镜组和光学设计部分，还有许多技术，比如镜片吸收光会产生热量，因而要对系统进行冷却，而如何解决振动也是一大技术挑战。

随着芯片制程的不断缩减，套刻误差也需要随之减小，对准系统的复杂程度也与之俱增。对准系统的一个技术难题就是对准显微镜。为了增强显微镜的视场，许多高端的光刻机采用了LED照明。制造高精度的对准系统的另一个技术难点是需要具有近乎完美的精密机械工艺。许多美国和德国的光刻机具有特殊专利的机械工艺设计，例如Mycro N&Q光刻机采用的全气动轴承技术，能够有效避免轴承机械摩擦所带来的工艺误差。

光刻机的工作台控制了芯片在制造生产中的纹路刻蚀：工作台的移动精度越高，所加工的芯片精度就越高。高性能芯片的制造需要多次曝光多次对准，在曝光完一个区域之后，放置硅晶圆的曝光台必须快速移动，接着曝光下一个需要曝光的区域，想要在多次快速移动中实现纳米级别的对准，这个难度相当大。就相当于端着一碗汤做蛙跳，还得保证跳了几十次之后一滴汤都没洒出来。这对于硬件能力和软件能力都是考验，即使是科技实力雄厚的美国也无法做到垄断光刻机移动工作台制作。工作台的移动速度也是跟产率挂钩的，但当产率即工作台移动速度提高到一定程度时，再想进一步提升其技术难度会呈指数级上升，会面临诸多物理极限问题。

通过梳理光刻技术难点我们可以发现，每个技术难点的背后还有很多技术的支持，而且这些技术难点都是包含了多学科的交叉融合，多个技术难点的突破都是基于基础科学的突破。因此，尖端光刻机的研发需要重视基础学科的研究，只有基础学科的突破，才能解决技术难题。

2. 刻蚀机

当前芯片制造已步入3nm节点，随着集成电路不断微缩，器件尺寸的不均匀性很大程度上将影响整个器件的稳定性、漏电流和电池功率损耗，引起器件失效和良率降低，工艺技术面临极大挑战。原子层刻蚀工艺（atomic layer etching，ALE）成为近年研发的技术重点。

ALE技术核心来源于对等离子体的精准控制和对刻蚀引发的气体环境的精准探测，涉及物理、化学、光学、机械等学科。ALE能够将刻蚀精确到一个原子层，均匀地、逐个原子层地进行刻蚀，并停止在适当的时间或位置，从而获得极高的刻蚀选择率。ALE不仅具有极高的刻蚀选择率，其刻蚀速率的微负载（micoloading）效应也因为自饱和效应的作用而几乎为零，不论在反应快的部位或反应慢的部位，每个周期仅完成一个原子层的刻蚀。另外，ALE所用到的等离子体相当弱，有的甚至采用远程等离子体源，等离子体携带的紫外辐射和电荷量都很小，所以对器件的电学损伤非常小。基于精确的刻蚀控制、良好的均匀性、小的负载效应等优点，ALE也越来越受到重视而重新成为研究热点。

国内的刻蚀设备企业主要有中微公司、北方华创、屹唐半导体和中电科。其中，中微公司、北方华创和屹唐半导体均以生产干法刻蚀设备为主，中电科除了生产干法刻蚀设备以外还生产湿法刻蚀设备。除上述企业外，国内还有创世微纳、芯源微和华林科纳等企业生产刻蚀设备。

国内厂商中微半导体在介质刻蚀领域较强，其产品已在包括台积电、海力士、中芯国际等芯片生产商的二十多条生产线上实现了量产；5nm 等离子体蚀刻机已成功通过台积电验证，用于全球首条 5nm 工艺生产线。北方华创在硅刻蚀和金属刻蚀领域较强，其 55/65nm 硅刻蚀机已成为中芯国际 Baseline 机台，28nm 硅刻蚀机进入产业化阶段，14nm 硅刻蚀机正在生产线验证中，金属硬掩模刻蚀机攻破 14nm 制程。

3. 镀膜设备

沉积设备未来发展向着低温反应、高集成度趋势进行。受限于越来越严格的热预算，薄膜沉积要求更低的温度。膜层工艺的复杂性，为了确保更高效和更高质量地控制不同薄膜的生长，设备平台的系统集成度要求更高，例如金属互连层的制备需要将不同的工艺腔室集成在一个平台上，对设备平台自动化控制等提出更高要求。

镀膜设备也从单一功能开始转向平台型镀膜设备，在一台机器里面，集成了所需要的 PVD、ALD 以及 CVD 设备，通过真空互连技术，在同一平台设备中，完成整个镀膜工艺。例如应用材料公司铜互连工艺解决方案，即在高真空条件下将 ALD、PVD、CVD、铜回流、表面处理、界面工程和计量这七种不同的工艺技术集成到一个系统中。其中，ALD 选择性沉积取代了 ALD 共形沉积，省去了原先的通孔界面处高电阻阻挡层。解决方案中还采用了铜回流技术，可在窄间隙中实现无空洞的间隙填充。通过这一解决方案，通孔接触界面的电阻降低了 50%，芯片性能和功率得以改善，逻辑微缩也得以继续至 3nm 及以下节点。

另外随着半导体工艺的不断发展，先进沉积设备在提高材料沉积速率、提高材料沉积均匀性、提高沉积膜层质量等方面面临着更高的要求和挑战，特别是针对三维器件结构要求的薄膜具备更好的台阶覆盖率、更强的沟槽填充能力和更精确的膜厚度控制等。对于提高沉积膜层质量方面，需要从均匀性、厚度控制、台阶覆盖能力、成膜速率、黏附性和颗粒等情况多因素进行要求。

国产 CVD 设备生产商主要有北方华创和沈阳拓荆。国内设备厂商以北方华创薄膜设备生产种类最多，主要生产 APCVD 设备和 LPCVD 设备，沈阳拓荆则以 PECVD 为主。北方华创的 PECVD 已主要进入光伏、LED 领域，集成电路领域已有所突破。沈阳拓荆的 65nm PECVD 已实现上市销售。中微半导体的 MOCVD 在国内已实现国产替代。根据中国国际招标网数据，沈阳拓荆已有 PECVD 设备进入长江存储。

PVD 工艺使用的半导体设备为 PVD 设备，全球 PVD 设备市场基本上为应用材料所垄断，其市场份额高达 85%，其次为 Evatec 和 Ulvac，市场份额分别为 6% 和 5%。

国内在集成电路领域的 PVD 生产商主要为北方华创。北方华创突破了溅射源设计技术、等离子产生与控制技术、颗粒控制技术、腔室设计与仿真模拟技术、软件控制技术等多项关键技术，实现了国产集成电路领域高端薄膜制备设备零的突破，设备覆盖了 90～14nm 多个制程。北方华创 PVD 工艺国内领先。其自主研发十三款 PVD 产品，其中自主设计的 exiTin H630 TiN 金属硬掩模 PVD 是国内首台专门针对 55～28nm 制程的十二英寸金属硬掩模设备，实现了国产 28nm 后端金属硬掩模的突破；28nm 的 TiN Hardmask

PVD 进入国际供应链体系，目前制程进步到 14nm；14nm CuBS PVD 于 2016 年开始研发，并于 2020 年年初进入长江存储的采购名单，成功打破 AMAT 的垄断。近年来，其技术还在不断发展升级中。

4. 清洗机

目前，先进颗粒清洗技术主要集中在高压喷淋、多流体喷嘴和兆声波清洗方面。

高压喷淋清洗技术，是利用增压泵对去离子水或其他相关清洗液进行增压，通过增压后液体的较大冲击力克服晶圆表面污染物的附着力，从而将污染物剥离、冲走，并在高速旋转晶圆离心力作用下被液体甩出晶圆表面，达到清洗目的。

多流体喷射技术，是通过生成粒径分布集中的液体微滴并能够以可控的速度喷向晶圆表面，以便通过动能转换将晶圆表面的颗粒污染物冲击松动并通过晶圆旋转将颗粒随着液体甩出晶圆表面，以此达到清洁晶圆的效果。

单片式兆声波清洗技术，通过喷嘴形成从喷嘴到晶圆表面的连续液流，兆声波使得晶圆与喷嘴间的液体产生"空化效应"，形成大量微小气泡，气泡的爆炸对液体产生瞬间加速，被加速的液体冲击晶圆表面颗粒，通过声压波动的物理方法使颗粒污染物从晶圆表面脱离并通过晶圆旋转将颗粒随着液体甩出晶圆表面，以此达到清洁晶圆的效果。

在清洗设备市场方面，日本迪恩士（DNS）是专注于半导体制造设备，尤其是清洗设备的研发与推广，开发出了适应于多种环境的各类清洗设备，并在半导体清洗的三个主要领域均获得第一的市场占有率，依赖技术创新筑起了当今的清洗设备龙头企业。与此同时，国内清洗设备需求旺盛，由此带来了对于清洗设备的大量需求。

2005 年，盛美半导体在上海成立，主要从事单晶片湿式清洗设备、先进封装领域用涂胶显影设备及单晶片湿法设备等的研发、生产和销售业务。由七星电子和北方微电子重组的北方华创具有清洗机及气体质量流量控制器等产品。并且该公司自主研发的十二英寸清洗机累计流片量已突破六十万片大关。至纯科技所生产的湿法设备已切入中芯国际、华虹集团等下游行业的领先企业。

5. 离子注入机

通过掺杂物控制半导体材料的导电率是半导体工艺中最重要的步骤之一。在集成电路制造过程中，需要使用 N 型掺杂物或 P 型掺杂物对半导体材料（如硅、锗或Ⅲ－Ⅴ族化合物半导体）进行掺杂，采用的方法一般为扩散和离子注入。二十世纪七十年代之前，一般应用扩散技术进行掺杂；目前的掺杂过程则主要通过离子注入实现。离子注入是指用高能量的电场把离子加速，打入半导体材料的过程。其基本原理是：在离子注入中，掺杂剂原子被挥发、离子化、加速、按质荷比分离，并被引导射入半导体衬底上。掺杂原子进入晶格，与衬底原子碰撞，失去能量，最后停留在衬底内的某个深度，并引起材料表面成分、结构和性能发生变化，从而获得需要的特性。平均穿透深度由掺杂剂、基板材料和加速能量决定。离子注入的能量范围从几百到几百万电子伏，导致离子分布的平均深度从小于 10 nm 到 10 μm。剂量范围从 1011 个原子每平方厘米到 1018 个原子每平方厘米。

离子注入机具备精确控制能量和剂量、掺杂均匀性好、纯度高、低温掺杂、不受注射材料影响等优点，目前已经成为 0.25μm 特征尺寸以下和大直径硅片制造的标准工艺。集成电路领域离子注入机包括大束流离子注入机、中束流离子注入机和高能离子注入机三种类型。全球离子注入机以大束流离子注入机为主，约占全部市场的 60% 以上。

以应用材料公司为代表的美国企业几乎垄断了全球离子注入机市场，其中仅应用材料公司一家就占了全球市场的 70% 以上。

我国近年来也逐步重视离子注入机研发，代表企业有凯世通和中科信。凯世通的低能大束流重金属离子注入机、低能大束流超低温离子注入机都已经进入生产线应用。烁科中科信已成功实现离子注入机全谱系产品国产化，包括中束流、大束流、高能、特种应用及第三代半导体等离子注入机，工艺段覆盖至 28nm。

6. 热处理设备

热处理设备在半导体制造中主要应用于退火、氧化和扩散三种工艺。热处理工艺设备对温度控制要求极高，其技术提升依赖于加热方法、炉丝材料、腔体设计、自动化控制等方面的技术优化，也依赖于人们对材料本身改性机制的研究。

退火主要应用于硅晶片离子注入掺杂之后。在离子注入过程中，杂质粒子以高能量轰击进入硅晶格内，会破坏硅片晶格结构，并在表面形成杂质粒子富集的无定形区，在内部形成位错、层错、空位等大量晶格缺陷。为此，需要在离子注入工艺后，将晶圆放入热处理炉中进行高温退火。通过高温促进表面无定形区域重结晶，修复晶格缺陷，同时促进杂质粒子向硅晶格内部扩散，并进入晶格激活杂质-硅键，起到施主或受主作用。退火过程在惰性气体（N_2）氛围下进行。

氧化工艺主要用于在硅晶圆表面形成 SiO_2 氧化膜，起表面钝化、掺杂掩膜层、电绝缘等作用。氧化反应有多种方式，在半导体制造中，主要通过干氧氧化过程和湿氧氧化过程两种来完成。干氧氧化就是在腔室内通入高纯 O_2，使 Si 与 O_2 在 900~1200℃下直接反应生成 SiO_2。而湿氧氧化为将高纯 O_2 先通过 95~98℃的去离子水，带出一定水蒸气后，再与 Si 在温度同样为 900~1200℃下生成 SiO_2。

扩散主要应用于将杂质掺入晶圆中特定区域，达到改变硅片电学性能的目的，可用于在晶圆上制备 PN 结、电阻或减小界面的接触电阻等。扩散反应根据杂质相态可分为气相、液相和固相扩散，主要发生在 1000℃左右的温度区间。

现在主流的热处理设备按照结构主要分为三个大类：卧式炉、立式炉和快速热处理设备（RTP）。其中，卧式炉是最先被应用的热处理设备，而立式炉在二十世纪九十年代开始发展起来，现今在多道工艺中逐渐取代卧式炉。

二十一世纪初，快速热处理设备发展起来，其主要利用热辐射源对硅片进行加热。传统的卧式炉与立式炉是每次退火上百片晶圆同时进行，需要数小时的时长，而快速热处理为单片晶圆加热，整个过程仅需数秒。这也使快速退火过程所产生的热应力相对更低，有利于获得更优秀的处理效果和晶圆性能，更适应先进制程的工艺要求。

全球范围内的热处理设备仅由少数几家企业供货，以美国的应用材料公司为首，另外有东京电子（TEL）和日立国际电气，三家约占80%的市场。目前，热处理设备的国产化率推进相对成功，国产化率可以达到约20%。对国内半导体热处理设备厂商而言，基本实现自给自足。在该领域国内的知名厂商包括：北方华创科技集团股份有限公司、中国电子科技集团公司第四十八研究所和屹唐半导体科技股份有限公司等。对于八寸以上使用的立式炉，国内北方华创和中电科第四十八所近年来均推出了自己的产品，但半导体制造业中仍以进口设备为主。

随着芯片制程下探至5nm、3nm，对热处理工艺流程的精细度要求也逐渐提高到严苛的程度。未来随着半导体产业的发展，追求更小的热应力和更精确的温区会是热处理设备的发展方向，而快速热处理设备正是针对此类需求应运而生。可以预见，随着技术的进一步成熟，快速热处理设备也将更进一步占据更多工艺流程与市场空间。

7. CMP设备

作为晶圆制造、工艺制程和先进封装的关键工艺，化学机械抛光可以通过化学腐蚀与机械研磨的协同配合作用，实现晶圆表面多余材料的高效去除与全局纳米级平坦化。其技术进步不仅依赖设备本身的升级，抛光液也是提升CMP工艺的关键。

平坦化技术在半导体工艺制程中应用非常广泛，且随着芯片制造工艺的迭代，在集成电路生产流程中使用的频率也在逐渐增加。平坦化技术主要涉及以下四种应用场景：衬底制备作为芯片制造整体环节的初始阶段，是平坦化技术非常重要的应用领域。在芯片前道制造工艺中平坦化技术使用最为广泛，对芯片前道制造工艺流程中关键结构、介质层、金属层的形成至关重要，是与薄膜沉积、光刻图形化、刻蚀图形转移及掺杂工艺重复循环的过程。在封装环节为了减小芯片的整体尺寸，需要使用平坦化工艺对裸片进行背减薄，封装裸片所用的框架背板等在生产过程中也需要使用平坦化技术对塑料、陶瓷、介质材料进行处理。先进封装TSV、TGV基板在电镀完成后形成的高密度异质孔结构同样也离不开平坦化工艺的表面抛光，以保证先进三维封装结构的高质量电连接、气密及键合面强度。

CMP主要涉及物理化学过程有：抛光液中的磨粒和晶圆表面发生机械物理摩擦，去除化学反应生成的物质，使未反应的晶圆材料再裸露出来，进而循环加快抛光速率，主要体现物理去除过程；吸附在抛光垫上的抛光液中的氧化剂、催化剂等与晶圆表面材料原子发生氧化还原反应，生成易去除物质，这是化学反应去除过程。

在14nm及以下关键尺寸的高端市场，CMP设备仍主要依赖于进口，主要被美国应用材料及日本荏原两家占据。其设备已实现5nm制程的成熟工艺应用，但是在28nm及以上的成熟制程市场，国产品牌华海清科已打破国外垄断，已占据40%左右的市场份额，在科研院所实验级CMP设备市场领域主要是G&P和LOGITECH等品牌。目前，CMP仍是应用于集成电路产线的最可靠的纳米级全局平坦化技术，在28nm、14nm及7nm工艺产线上的CMP设备没有显著的差异，主要是对个别模块技术的优化，且全球CMP相关的专利申请数量没有显著的增加，因此CMP技术在接下来较长的时间内总体应该会保持相对较稳定的技术发展。

8. 检测与量测设备

检测与量测设备广泛应用于集成电路前道及后道生产中，是保证晶圆光刻、刻蚀、薄膜沉积等环节精密实现的基石。我国检测与量测设备国产化率较低，大部分市场被科磊、应用材料、日立等美日厂商垄断，国内精测电子（上海精测）、中科飞测、上海睿励、东方晶源等前道量测设备厂商有望乘国产替代之风而起！

检测和量测环节是集成电路制造工艺中不可缺少的组成部分，贯穿于集成电路领域生产过程。检测指在晶圆表面上或电路结构中，检测其是否出现异质情况，如颗粒污染、表面划伤、开短路等对芯片工艺性能具有不良影响的特征性结构缺陷；量测指对被观测的晶圆电路上的结构尺寸和材料特性做出的量化描述，如薄膜厚度、关键尺寸、刻蚀深度、表面形貌等物理性参数的量测。根据半导体咨询机构YOLE的统计，工艺节点每缩减一代，工艺中产生的致命缺陷数量会增加50%，因此每一道工序的良品率都要保持在非常高的水平才能保证最终的良品率，在具体生产流程中，量测设备会在涂胶、光刻、显影去胶等步骤后对晶圆进行检测，以筛除不合格率过高的晶圆，从而保证工艺质量。按照工艺技术区分，检测和量测主要包括光学检测技术、电子束检测技术和X光量测技术，其中光学检测技术凭借精度高，速度快的优势占约75%的市场空间。预计2022年全球市场超90亿美元，工艺升级拉动市场需求增长。根据超大规模集成技术研究所（VLSI Research）的统计，2020年全球前道量测设备销售总额为76.5亿美元，五年复合年均增长率为12.6%，其中检测设备占比为62.6%，量测设备占比为33.5%，其中纳米图形晶圆缺陷检测设备市占率最大，约占整体量测市场的四分之一。新能源及5G等下游市场火热驱动晶圆厂商投资，2022年全球半导体检测与量测设备市场规模达92亿美元。量测设备市场需求主要来源于晶圆厂扩产带来的直接需求和设备迭代。晶圆制造工艺升级对微电子工艺、设备、材料的要求提升，良品率控制难度增大，要求光学检测技术分辨率不断提高，为满足更小关键尺寸晶圆上的缺陷检测，必须使用更短波长的光源，以及使用更大数值孔径的光学系统，因此检测和量测设备需不断升级。科磊拥有绝对领先的市场地位，海外厂商优势显著，国内厂商奋起直追。半导体设备属于高壁垒和高投入行业，全球半导体设备市场呈现寡头垄断的局面，市场集中度较高，美国、日本和欧洲技术相对领先，代表厂商包括应用材料、阿斯麦、拉姆研究、东京电子、科磊半导体等，VLSI Research数据显示，2020年全球十大半导体设备厂商均非我国企业，市场份额合计高达 76.6%。随着半导体产业的转移，我国成为全球最大检测与量测市场，行业增速 31.6% 显著高于全球的 12.6%。但国内量测设备国产化率较低，进口依赖度较高，VLSI Research 数据显示，国内检测与量测设备市场仍由海外几家龙头厂商主导，其中科磊半导体在我国的市场占比仍然最高，2020 年达 54.8%。受益于国内半导体产业链的快速发展和产业链安全关注的提升，国内厂商国产化市场空间有效扩容，中科飞测、上海睿励、上海精测、东方晶源等量测设备公司正逐步打破海外厂商垄断。

（二）后道设备技术进展分析

1. 减薄设备

晶圆减薄工艺的作用是对已完成功能的晶圆的背面衬底材料进行磨削，去掉一定厚度的材料，利于后续封装工艺的要求以及芯片的物理强度、散热性和尺寸要求。硅片的旋转磨削是一种高效的加工方法，适用于大尺寸硅片，能够有效控制加工区域和切入角，保持稳定的磨削力。通过调整砂轮和硅片的相对倾角，可以实现单晶硅片的精确磨削，达到优异的表面精度。此外，该方法具备以下优点：能够实现大余量磨削，便于在线厚度和表面质量的监测与控制，设备紧凑且易于多工位集成，从而提升磨削效率。为满足半导体生产线的需求，产线用的磨削设备基于硅片旋转磨削原理，采用多主轴多工位结构。这种结构使得一次装卸就能完成粗磨和精磨加工，同时配合其他辅助设施，实现了单晶硅片的全自动干进干出和片盒到片盒的加工过程。

日本、美国、德国等发达国家生产的硅片精密磨床技术较为成熟，如日本迪斯科（DISCO）、日本冈本（Okamoto）等生产的减薄机在加工大尺寸、超薄化硅片方面具有高精度、高集成化和高自动化的能力。目前国内华海清科、中电科装备已有相应设备机台，但市场占有率还有待提升。

2. 引线键合设备

引线键合是一种常用于集成电路封装中的连接技术，其主要目的是将芯片上的金属引线（通常是金或铝）连接到封装基板或引脚上，以实现电气和信号连接。

引线键合技术分为热压键合、超声键合和热压超声键合三种主要方法。其中，热压键合是通过热压头对引线进行温度和压力的控制，使焊线金属发生变形。通过精确控制压力、温度和时间等工艺参数，焊线和焊盘的金属之间产生原子扩散，从而形成坚固的焊接连接。超声波键合则利用超声频率的弹性振动，施加在焊线和焊盘之间，从而破坏氧化层并产生热量，实现键合。而热压超声键合则将两种方法结合，主要用于金丝和铜丝的键合。该方法使用超声波能量，但不同于超声键合，它需要外部加热源。在键合时，焊丝不需要磨蚀掉表面氧化层。外部加热的作用在于激活材料能级，促进两种金属的有效连接，以及金属间化合物的扩散和生长。

高速高精度引线键合机对精密机械、电子硬件、实时软件、运动控制、机器视觉和键合工艺都有极其严苛的要求。目前，引线键合在所有封装键合技术中占主流地位。它必须稳定、高速、高精，才能满足日益发展的封装要求。

引线键合设备生产商主要有 Kulicke & Soffa、ASM Pacific Technology 等，这两家企业在全球市场中份额占比高，处于主导地位。由于技术壁垒高，全自动高速引线键合设备需求依然依靠进口，但奥特维、德沃自动化、凌波微步等国内企业正在加快引线键合设备研发步伐，已实现部分进口替代。

3. 倒装焊设备

倒装芯片技术将芯片上的引脚与基板上的连接点直接相连。与传统的芯片连接方式相比，倒装芯片技术在引脚密度、性能和可靠性方面具有显著优势。在倒装芯片技术中，芯片上的引脚通过微小的凸点（通常是焊球或焊盘）直接连接到基板上，具有更优秀的高频、低延迟、低串扰的电路特性，适用于高频、高速的电子产品。它在满足高性能、小尺寸、高可靠性和高集成度要求的应用中具有重要地位。

在倒装焊设备中，常用的是回流焊炉，按照加热区域，可以分为两大类：一类是整体加热进行回流焊，包括热板回流焊、热风回流焊、热风加红外回流焊、气相回流焊；另一类是局部加热进行回流焊，包括激光回流焊、红外回流焊、聚焦红外回流焊、光束回流焊、热气流回流焊。

半导体封装用回流焊炉核心厂商主要包括 Senju Metal Industry、ITW EAE、Kurtz Ersa、HELLER 等，国内劲拓股份、深圳市浩宝技术等企业也有相应产品。

4. 电镀设备

电化学沉积是指在外电场作用下电流通过电解质溶液中正负离子的迁移并在电极上发生得失电子的氧化还原反应而形成镀层的技术。在阴极产生金属离子的还原而获得金属镀层，称为电镀。

电镀设备厂商方面，国外主流厂商包括德国 MOT 公司、日本 NEXX 公司和美国 AMAT 公司等。根据工作模式分为半自动电镀设备和全自动电镀设备，不同厂家在片内均匀性、片间均匀性、温控精度、电源输出能力、夹具设计和自动化程控系统方面略有差异。德国 MOT 公司的 uGalv 系列机型在研发型单位中应用较多，其优势在于设备稳定性高，价格较低，设备使用方便灵活，电镀工艺结果良好，可满足设计目标。国内代表性厂商主要有上海新阳、盛美半导体等。相比于国外厂商，国内在电镀设备层面尚有差距，主要体现在对工艺参数的精准控制量级上。在大深宽比微孔内金属电镀填充工艺中，结构尖端位置相较于平坦位置电场强度更强，深孔内金属离子的输运速率更低，实现无孔洞及缺陷的致密金属填充难度较大；同时在厚金属结构电镀工艺中，产生的应力会导致器件变形，进而严重影响器件性能；因此相较于简单的金属电镀而言，在特殊的电镀工艺中，都需要电镀设备能够对多项参数进行精确控制，目前国内的电镀设备可控制参数量相对较少，工艺的控制效果有待进一步提高。

5. 晶圆键合设备

随着集成电路产业的发展，从微纳米结构到晶圆级材料的键合需求越来越多，包括 SOI 和射频高功率衬底制备中的晶圆面键合；背部照明 CMOS 传感器、声光电传感器、传动传感器等 MEMS 器件的体结构键合；超薄晶圆制备临时载板、引线键合及倒装键合电互连、裸 DIE 及 TSV 中介层 3D 堆叠等先进封装复杂异质键合；可以看出光电器件、SOI、MEMS 器件制备、3D 异质混合集成、先进封装等领域都对键合工艺有广泛需求，尤其是在先进封装产业中，键合技术及设备都有极为广泛的应用。

键合作为实现材料互连的关键技术之一，具有非常广泛的分类，其中晶圆键合包括硅硅熔融键合、硅玻璃阳极键合、硅金属电化学键合、共晶键合、金属扩散键合、聚合物粘胶键合。

目前来看，国外键合设备生产厂商主要集中在欧洲和日本，如奥地利 EVG 公司、德国 SUSS 公司等，国内以上海微电子为代表的企业也有相关产业布局。

6. 分选设备

分选机主要用于芯片的测试接触、拣选和传送等。分选机把待测芯片逐个自动传送至测试工位，通过测试机测试后分选机根据测试结果进行标记、编带和分选，根据传输方式不同可分为平移式分选机、重力式分选机及转塔式分选机，其对应的传输芯片方式分别为水平抓取、重力下滑及器件在转塔内旋转。

分选机主要实现与测试机的良好配套，满足多样化产品的不同需求，以形成良好的服务能力是分选机企业的核心竞争力，这种附属特性使其形成行业内较分散的格局。目前全球两大巨头为科休半导体和爱德万测试机，韩国的 Techwing 则是全球领先的存储芯片测试分选机厂商。国产化方面，转塔式分选机国产自给率最低（约 8%），主要原因为转塔式分选机是每小时分选芯片数量（UPH）最高的一类分选机，在高速运行下，既需保证重复定位精度，又需保证较低的故障停机比率，这对分选机设备开发提出了更高的要求。

7. 划片机

刀片砂轮划片机和激光划片机是两种常用于晶片切割加工的设备，各有其特点和应用范围。刀片划片仍然是当前主流的切割方式，适用于较厚材料的切割，效率高，切割成本相对较低，材料应用广泛，通过更换不同性能的刀具和划切参数可以实现硅片、铌酸锂、压电陶瓷、砷化镓、蓝宝石、氧化铝、氧化铁、石英、玻璃、陶瓷、太阳能电池片等多种材料的划切。

激光划片机是一种利用高能激光束进行切割加工的设备，其利用激光束的高能量，将光束聚焦在晶圆表面或内部的特定区域。当激光束照射到该区域时，由于能量密度极高，被照射的物质局部熔化甚至气化。这一过程导致被照射区域发生物质的相变，从而达到切割的目的。

目前，全球砂轮划片机市场由日本公司垄断，迪斯科（Disco）为全球划片机设备龙头，份额占比高达 70%。如国内封测行业龙头长电科技所使用的划片机主要由 Disco 和东京精密两家提供。国内的砂轮划片机技术起步晚，国产化率低，目前主要制造划片机企业有中电科四十五所、光力科技、沈阳和研科技等公司，而激光划切设备国内华工科技、大族激光等公司均有产品推出。

8. 测试机

测试机（ATE）的技术核心在于功能集成、精度与速度、与可延展性。测试精度的重要指标包括测试电流、电压、电容、时间量等参数的精度，如在电流测量上能达到 pA 量级的精度；在电压测量上达到微伏量级的精度；在电容测量上能达到 0.01pF 量级的精度；在时间量测量上能达到百皮秒；响应速度一般都达到了微秒级。

测试机所属的封测市场完全受美国所垄断的不多。但关键环节受美国垄断，包括：①高端 ATE 所用到大量的 ASIC 芯片几乎全部来自美国，包括高速、高精度 ADC 和 DAC 等，例如 ADI 是 MAX9979 引脚电子芯片的独家供应商；②高精度机械模块如 Micro sense 的电容式位移传感器。

测试机芯片一般制程要求不高，目前常见的工艺节点为 45nm，但是关键在于，本土 ATE 客户能够有清晰的芯片功能需求，才能委托芯片设计公司产出专用芯片。从商业角度来看，还要有足够的需求量或利润量来驱动芯片公司做这种芯片的研发设计生产制造。

9. 探针台

探针台的主要作用在于晶圆的传送和定位，确保晶圆与探针按顺序接触以完成测试任务。它提供晶圆的自动上下移动、中心对齐、定位以及根据预设步距移动晶圆，使探针能够精确地对准硅片上的特定位置进行测试。根据不同的应用需求，探针台可以分为多种类型，如高温探针台、低温探针台、射频（RF）探针台和液晶显示（LCD）探针台等。

探针台市场目前基本被美日韩三国企业垄断，如东京精密、东京电子（前两者市占率超过 80%）、美国 QA Technology、美国 MicroXact、韩国 Ecopia 等，提供多种新兴技术以及多品种测试，如磁学测试（霍尔器件、MRAM、SOC）、微变形接触、非接触测量等。国产厂商代表为中电科四十五所、深圳矽电半导体设备有限公司等，其中长川科技在现有集成电路分选系统的技术基础上研发出 8 至 12 英寸晶圆测试所需的 CP12 探针台。

探针台的关键技术涵盖以下几个方面。首先，重要的是要实现微米级别的重复定位精度；其次，必须将晶圆损伤率限制在百万分之一以内；最后，晶圆的检测需要配备多组视觉精密测量及定位系统，同时还应具备视觉相互标定和多个坐标系互相拟合的能力，以及关键模块探针卡（悬臂式、垂直式、MEMS 等）。

（三）集成电路相关科研设备

1. 电子束曝光设备

电子束曝光设备（electron beam lithography，EBL）是一种先进的微纳米加工技术，它利用高能电子束来进行精密的图案曝光，用于制造微小尺寸的电子器件、集成电路、传感器、光学元件等高精度微纳米结构。相对于传统光刻技术，电子束曝光具有更高的分辨率和制造精度，因此在先进制造、研究和新材料开发等领域具有重要应用价值。

电子束曝光设备的核心部件是电子束发射源和电子光学系统。电子束发射源产生高能电子束，然后通过精密的电子光学系统将电子束聚焦并投影到目标物质表面，形成所需的微细图案。电子束曝光设备具有以下技术特点。高分辨率：电子束的波长比光的波长小得多，因此电子束曝光具有比光刻更高的分辨率，可以制造出更小、更精细的结构。制造精度：电子束曝光可以实现亚纳米级别的制造精度，适用于制造微纳米结构，如纳米线、纳米点阵等。灵活性：电子束曝光可以制造各种形状和图案，包括复杂的三维结构，具有较高的灵活性和自由度。高分辨率：电子束曝光技术可以制造出高密度的微细图案，适用于集成电路的先进制造。多层加工：电子束曝光可以在同一样品上进行多次曝光，制造多层结构，有利于实现复杂的器件设计。

电子束曝光目前广泛应用于科学研究领域，用于制造研究性的微纳米器件，探索新材料和新现象。近年来，随着电子束发射源技术和电子光学系统的不断创新，电子束曝光设备的性能不断提升。新型的场发射和热发射电子源使得电子束发射更稳定且能量更集中。同时，先进的电子光学系统设计提高了聚焦效率，进一步提高了制造精度和效率。此外，电子束曝光设备也在自动化和集成化方面取得了进展，使得制造过程更加高效和可控。

2. 磁测量设备

我国是全球磁性材料生产大国和产业中心，对高精度磁性表征设备需求量很大。磁特性的研究对于推动自旋电子芯片、自动控制系统、信息技术、生物医疗、航空航天等领域的进步起着重要作用。高精度磁表征设备主要用于样品的静态磁性表征，高精度是此类设备的核心技术诉求，也是其应用于自旋电子芯片开发的基础。在芯片膜堆中，磁性层仅几纳米厚，信号仅有 $10^{-6} \sim 10^{-8}$ emu，微加工后器件磁性会下降到 $10^{-9} \sim 10^{-12}$ emu。同样，二维磁性材料仅由几个甚至单个原子层组成，其磁矩十分微弱。目前针对微加工后的自旋电子器件和低维磁性材料传统磁强计技术已无法实现精准测量，往往只能通过输运特性进行间接表征。面对这一现实困境，迫切需要开发新型高精度磁性表征技术。近年来，我国在自旋电子学领域的研究发展十分迅猛，相关科研成果已达到国际领先水平。然而，在高精度磁性表征关键环节却长期困于技术难题的窘境。开展面向高精度磁性表征的新原理研究与新技术开发，为下一代自旋电子技术产业化做好准备，将对未来我国集成电路领域的发展起到重要支撑作用。

当前，应用于磁学和自旋电子学研究的高精度磁表征设备主要有振动样品磁强计（VSM）、超导量子磁强干涉仪（SQUID）、交变梯度磁强计（AGM）、磁光克尔（MOKE）磁性测量仪等。它们可以在励磁环境下绘制样品的磁化曲线、磁滞回线等磁特性曲线，是生产实践中应用最为广泛的一类磁测量设备。磁成像方面，常见磁表征设备有磁力显微镜

（MFM）、磁光克尔显微镜、金刚石氮-空位色心（NV-center）扫描成像系统、洛伦兹电镜等，它们主要用来识别磁性样品的杂散场或自旋取向，具备空间分辨特性，但无法给出定量磁学信息。此外，基于同步辐射技术的X射线磁圆/线二向色性（XMCD/XMLD）表征、X射线吸收近边结构（XANES）表征和扩展X射线吸收精细结构谱（EXAFS）等检测手段能直接给出自旋占据态信息，也是一类重要的磁表征技术。但由于测试环境和样品要求的极高，只在前沿研究领域有一定的应用。从产业发展需求的角度出发，第一类磁表征设备是产线应用的主流手段，也是技术探索的主要方向，下面我们针对性地探讨其发展现状及存在问题。

VSM技术起源于麻省理工学院林肯实验室，由科学家Simon Foner开发，至今已有六十多年历史。VSM采用电磁感应原理，测量在一组探测线圈中心以固定频率和振幅作微振动的样品产生的感应电压，该电压与样品磁化强度、振幅、振动频率成正比。通过控制变量，可计算出待测样品的磁化强度。传统VSM结构简单，应用广泛，但测量精度较低，一般不超过10^{-5}emu。英国Nanomagnetics和美国LakeShore公司推出的高端VSM通过技术优化分别将测量精度提升到5×10^{-7}emu和2.5×10^{-8}emu，已经接近VSM的理论极限，优化空间较小。同时，VSM工作于低频区间，存在机械振动大，功能拓展困难等问题。近年来，VSM技术研究多集中在检测线圈的和震动机械结构的优化，在易用性和成本控制上做提升，实质的技术进步非常有限。

SQUID是传统磁表征设备中高精度测试设备的代表。该技术基于磁通量子化概念和超导约瑟夫逊隧道效应制成。从结构及工作原理上，SQUID可以分为DC-SQUID和RF-SQUID，分别由Jaklevic等人于1964年、Zimmerman等人于1965年发明。美国Quantum Design公司以SQUID技术为基础研制的MPMS系统，其测试精度可达1×10^{-8}emu，是市场上目前精度最高的定量磁测量手段。由于超高的测量精度和多变的测量模式，该设备占据了高精度磁性测量仪八成以上的市场份额，国内目前尚无竞争产品。尽管SQUID技术具有许多优势，但其液氦工作要求使运行成本高昂，单台设备年均运行经费超过二十万元人民币。同时，由于SQUID无法在扫场过程中进行测量，其测试速度很慢，这严重限制了其在工业生产中的应用。

AGM实际上是在法拉第天平的基础上改进而来的一种高精度磁性表征手段，它通过测量磁性样品在非均匀磁场中的受力来确定磁化强度，测试灵敏度普遍在10^{-7}emu量级以上。其中，Todorovic等使用石英调谐音叉作为振动传感器，在50T/m的交变磁场下，实现了10^{-10}emu超高精度的磁性测量。Richter等人也报道了在47T/m交变场可以实现1×10^{-8}emu量级的测量精度。虽然上述结果都是在实验室条件下获得，但充分说明了该技术的发展潜力十分巨大。同时，交变梯度磁强计技术在测试速度方面相比其他定量测量技术具有天然优势，其扫场速度一般可以达到10ms每点，测试时间是VSM的十分之一左右，SQUID的五十分之一左右。这种快速测试性能主要得益于其工作频率较高，积分时间短，可以很快达到可接受的信噪比。

1989年，普林斯顿测量仪器（PCM）公司曾成功将AGM技术产品化，凭借该技术优良的测试性能迅速发展成全球磁性测量领域的龙头企业之一。为了稳固自身的VSM产品线，同时加强市场垄断性，2013年Lakeshore斥巨资收购了PCM，并迅速停产了相关设备，导致目前市场上并没有AGM产品在售。这无疑给我国发展具有自主知识产权的AGM技术留出了难得的空间。需要指出的是，AGM商业化的失败一方面源于在特定历史阶段，人们对弱磁表征的需求并不像当下一样迫切；另一方面也源自传统交变梯度磁强计技术存在的明显技术短板。由于测振方式的限制，传统交变梯度磁强计磁性测量非常脆弱，对测量机体的每次接触都需要提前进行静电释放，放置和移除样品则需要将样品杆放在特制的机械加固夹具上操作。同时，传统技术表征精度在小场和变温环境中会迅速下降，这也成为该技术最大的短板。因此，如能通过技术升级克服该技术的主要缺陷并将传统AGM的精度进一步提高，则有望开发出集快响应、高精度、易操作于一体的具有自主知识产权的原创性高精度磁性表征设备，对目前的进口产品实现技术替代。

MOKE通过测量从样品表面反射的线偏振光的偏转角度来表征样品磁化强度，该现象被称为磁光克尔效应，由John Kerr于1877年首次观测到。MOKE具有非常高的灵敏度，但与其他磁性测量手段相比，MOKE无法定量测量样品的磁化强度大小。其所测的磁滞回线以克尔角为纵坐标，虽然与样品磁化强度正相关，但是很难精准定标。同时MOKE的穿透深度有限，不适合进行深层磁学信息检测。对后道工艺加工后的自旋芯片，MOKE无法穿透磁性层上的CMOS电路，因此只在膜堆生产初期用来检测样品生长均匀度。受到反射率等样品特性影响，该测量手段也不适合粉末或粗糙度大的样品测试。在市场方面，美国KLA-Tencor的磁光测试仪已经广泛应用于磁芯片产线；国内方面，北航孵化的集成电路设备企业致真精密仪器公司开发了国内首台商用磁光克尔检测设备和晶圆级磁光克尔测试仪，打破了此前国外产品的垄断，已经完成中电九所、中国科学院、清华大学、北京工业大学、电子科技大学、上海科技大学等单位的商业订单。

3. 原子探针显微镜

随着芯片制程的减小，芯片的集成度与复杂度越来越高，光刻、刻蚀、蒸镀等工艺过程的形貌和缺陷检测日益重要，对检测设备也提出更高的要求。目前主流的表面检测设备有光学显微镜、扫描电子显微镜、原子力显微镜。对于鳍式场效应晶体管FinFET、3D NAND芯片等3D设计，电镜无法进行准确测量，只能提供2D图像，光学分辨率又达不到要求。原子探针显微镜纵向分辨率可达0.1~0.2 nm，可以提供高度、角度、粗糙度等3D图像信息，性能优异，正在从科研领域逐渐转向工业领域。

原子探针显微镜发展有近四十年的历史。它是利用带有超细针尖的探针逼近样品，并采用基于FPGA、DSP等高速硬件控制系统构成反馈回路控制探针在距表面纳米量级的位置进行扫描，获得其原子级的有关信息图像。在诞生之初，原子探针显微镜主要应用于样品表面形貌的高精度表征，相比电镜，原子探针显微镜不仅精度更高可达亚纳米量级，而且可以呈现样品表面的 3D 形貌。此外，通过更换具有不同特性的探针以及样品座，原子探针显微镜可以实现多种类型的物性表征，如压电力显微镜（PFM）、磁力显微镜（MFM）、扫描开尔文显微镜（KPFM）、静电力显微镜（EFM）、扫描电容显微镜等（SCM）。使用环境适应性强也是它的优势之一，可在真空、大气、常温等不同环境下工作，甚至可将样品浸在水和其他溶液中，不需要特别的制样技术，并且探测过程对样品无损伤。在技术本身，原子探针显微镜具有设备相对简单、体积小、价格便宜、对安装环境要求较低、对样品无特殊要求、制样容易、检测快捷、操作简便等特点，同时其日常维护和运行费用也十分低廉。

晶圆级原子探针显微镜国外企业主要有美国 Bruker、韩国 Park、英国 Oxford 等公司。目前国内没有晶圆级原子探针显微镜企业与产品，科研级产品主要有本原纳米、飞时曼精密仪器公司，一直在科研领域研发，未转向集成电路领域，很难与进口产品竞争。

科研级原子探针显微镜扫描过程中可保持复杂精细的探针系统不动而样品台移动，样品尺寸限制在厘米上下；而晶圆级原子探针显微镜的测试对象则为 8 英寸或 12 英寸晶圆，并且测量效率需远高于科研级，须在扫描过程中样品台保持静止，扫描探针进行高速扫描移动。如何实现高精度的光路随动是横亘于科研和晶圆级原子探针显微镜之间的一道技术难点，也是目前国内缺乏晶圆级原子力显微镜的主要原因。

目前国内工艺产线上的晶圆级原子探针显微镜主要以韩国 Park 为主，华为、中芯国际、长江存储等是其主要客户，近年来中国市场占其全部销售额超过 60%。如长江存储今年公示的四台原子探针显微镜招标结果，华虹半导体（无锡）12 英寸线两台招标结果皆为 Park 公司中标。Park 的核心技术和团队皆来源于美国，因此，加速晶圆级原子探针显微镜的国产化研发，是我们急需解决的技术难题。

4. 高频电子仪器

集成电路产业和科学技术发展的驱动力，将以提高性能/功耗/成本比为标尺。器件是集成电路的基本单元，对器件进行超快电学表征，是集成电路突破性能天花板和功耗瓶颈的关键。高频皮秒电脉冲是持续时间极短的电信号，通过表征器件的脉冲响应，可揭示其物理极限和工作原理。在芯片测试中引入高频皮秒电脉冲，有望解决集成电路领域日益迫切的表征需求同相对落后的电学测试水平之间的矛盾。

集成电路的发展日新月异，其主要体现为：单位功耗不断降低，运行速度持续提升。其中，高电子迁移率晶体管、微波毫米波集成电路、磁随机存储器和光电集成电路等新技术提出了超快测试需求，如：栅与沟道界面载流子运动时间快至 10 ps，磁隧道结翻转所需的电流脉冲宽度只需数皮秒，高速光通信速率达到 256 GSa/s 等。因此，皮秒级高频电学测试至关重要，但它正在突破现有高频电学设备的时间分辨力极限。目前直接或间接利用皮秒电脉冲产生技术的高频设备，由美国泰克科技、是德科技两家公司垄断，59 GHz

以上示波器（脉冲上升沿约 6ps）即对全中国禁运，对我国发展高性能集成电路形成了天然壁垒，给我国 5G/6G 高速通信、航空航天、国防以及精密仪器应用都造成了巨大影响。基于光电导效应产生高功率皮秒电脉冲，有望提高输出功率和压缩脉冲宽度，其可行性已在国际前沿研究中被证实，为突破技术封锁提供了新思路。

高频皮秒电脉冲的应用领域以集成电路为主阵地，辐射引领，深入高端设备制造、光电通信、太赫兹和其他基础科学研究等领域。集成电路的高频电学测试需求明确且迫切，例如半导体材料载流子输运研究、场效应管门延迟测试、超快开关行为表征、硅光集成电路的高速光电测试以及磁存储芯片测试等；广泛用于新能源汽车、手机充电器的第三代功率半导体器件如 GaN 高电子迁移率晶体管，器件动态和恢复时间等参数需要精确表征；具有存储和运算等功能的器件或电路，多数将工作在超快尺度；随着 5G、数据中心和智能驾驶汽车的高速发展，数据传输速率超过了 112Gbps，稳定的皮秒电脉冲可以准确区分信号抖动来源，提高芯片和系统性能；超带宽（UWB）技术已逐步进入消费市场，在飞行时间测试中，罗德与施瓦茨公司搭建的系统精度需求为皮秒级，技术难度大，引入皮秒电脉冲有望提供高精度的解决方案。

高频皮秒电脉冲的相关市场蓬勃发展，经济效益可观。本技术不仅能带动飞秒激光器产业发展，还能带动低温砷化镓等高端衬底的发展，上下游带动效应明显。国内可买到的百皮秒高频任意波发生器售价约 100 万元，33 GHz 高频示波器售价约 200 万元，该方面市场需求巨大。高频皮秒电脉冲技术支撑的集成电路、新能源汽车、5G/6G 通信和数据中心等产业需求在千亿级以上。保守估计，皮秒脉冲源市场规模不亚于太赫兹源。根据仪器信息网市场分析，太赫兹组件和系统预计 2023 年全球市场规模为 32 亿元，年增长率保持 25%以上，其中的组件市场由太赫兹源占据最大的市场份额。作为类比，预计 2023 年年底皮秒脉冲源产业全球市场规模为 10 亿元以上，中国市场将占据较大份额。目前，北航团队已实现皮秒级超快信号产生和探测系统，面向高速芯片测试、太赫兹及高速光通信测量等前沿需求，在国内首次实现高速芯片皮秒电信号的产生及探测，电学测试带宽大于 110GHz，电学测试精度小于 0.1ps，全面支撑国产芯片研制、高端设备标定、前沿信息科学研究。

5. X 射线设备

随着集成电路工艺节点的不断缩小，通过新材料的应用、结构分析以及微观缺陷的探测，以辅助新工艺的开发正变得愈发关键。当前，集成电路工艺研发过程中主流的缺陷检测技术仍然是基于传统光学检测手段，如明、暗场缺陷检测设备等，但其分辨率受限于光源波长。即使采用极紫外（EUV）光源，其波长亦只有 13.5nm。而 X 射线因波长极短，其理论分辨可达 0.1pm，在应对检测精度要求极高的先进工艺开发过程中，具有高分辨、高灵敏度的 X 射线技术正逐渐崭露头角。

基于 X 射线技术的检测设备主要有用于结构分析的 X 射线衍射仪（XRD）、用于物质分析的 X 射线光电子能谱仪（XPS）以及用于成像的 X 射线成像技术。其中 XRD 不仅可以用于分析半导体薄膜的晶体结构和取向，还可用于检测晶体中的应力、多相材料的相以及高 K 介质的结构和性质。近年来，随着仪器的进步，XRD 技术已经可以实现对单个纳米颗粒的结构分析。XPS 可以用于分析材料表面的化学状态，通过分析薄膜元素判断薄膜组成，助力新材料的开发。另外，XPS 还可用来检测和鉴定表面上的污染物，如有机物、金属和其他杂质，从而辅助工艺优化过程。基于 X 射线光源的成像技术在集成电路领域的应用亦十分广泛。如在封装工艺中，通过 X 射线成像技术可实现对封装工艺进行检查，如倒装芯片（Flip-Chip）、微细焊接球（Micro BGA）等工艺中的内部连接与焊点状态，从而确保连接的质量与可靠性；另外，在集成电路分析领域，借助 X 射线成像技术，还可在不破坏芯片结构的情况下对芯片内部详细视图进行探测，以帮助分析和验证其内部结构与层次；而随着集成电路的特征尺寸不断缩小，对内部结构的检测和验证变得越来越困难。借助 X 射线成像技术可以提供非破坏性的内部检查，帮助识别和定位缺陷，如断裂、短路或其他制造缺陷。

当前国内的 X 射线衍射仪方面，随着近年来的技术积累，已有多家公司可提供相关设备，如丹东浩元、丹东通达及北京普析通用等，但在性能上与国外厂商，如日本理学、布鲁克、马尔文帕纳科、日本岛津等公司仍有较大差距。尤其在集成电路领域，为了对晶圆结构进行非破坏性测量，其样品尺寸通常是 8 英寸或 12 英寸晶圆，且对测量效率要求也更高，目前国内尚无厂家可提供相关设备，而国外如布鲁克和日本理学均有相关产品，因而在集成电路领域，很难与进口产品形成竞争。在 XPS 方面，国内则仍然是空白。而国外在此领域已发展多年，如日本的岛津、爱发科、德国 Scienta Omicron 及美国赛默飞世尔公司，几乎垄断了国内相关材料表征实验室的相关设备。基于 X 射线成像技术的设备近年来在集成电路行业亦得到了广泛的应用，尤其在先进封装中的无损检测领域。国内企业或科研单位在相关领域均有所布局，如中国科学院高能物理研究所自主研制的三维 X 射线晶圆级封装计量系统，可实现对 12 英寸晶圆的二维或三维结构的无损检测；日联科技亦推出有微焦点 X 射线检测设备。国外企业主要有日本的 Nikon、瑞士的 COMET 等公司。上述的设备在集成电路检测领域正逐渐发挥重要作用，而其核心零部件：X 射线源是其中极为关键的一环。当前，微焦点 X 射线源代表了行业最高水平，而我国工业检测的微焦点 X 射线源几乎全部依赖进口，属于典型的技术难题与供给。日本滨松光子和美国赛默飞世尔占了总市场的近 80%，剩下如 Yxlon、Finetech、X-WorX、COMET、Varian 亦是国内企业的竞争对手。国内目前仅有日联科技在微焦点 X 射线源方面有所突破，但仅实现了 90 kV 和 130 kV 产品的批量化生产，产品序列丰富度不及海外企业；另外在技术储备及市场认可度方面亦缺乏较强的竞争力。其他如上海超群和丹东荣华等企业仅可提供普通焦点源。

目前，国内工艺产线或科研机构所用到的 XRD、XPS 及 X 射线成像设备，仍然以进口为主。而 X 射线相关的检测设备随着先进工艺节点以及先进封装工艺的迅速迭代将变得愈加重要，如何打破国外厂商的垄断地位，解决国内关键技术难题已迫在眉睫。

6. 真空设备

前道制程的薄膜沉积设备大致分为物理气相沉积设备（PVD）、化学气相沉积设备（CVD）以及液相沉积设备。PVD设备中除产业应用较为成熟的磁控溅射技术，还包括脉冲激光沉积（PLD）和分子束外延（MBE）等技术，后两者目前主要应用于科研领域，但随着相关晶圆级制备技术的开发和成熟，两者也极有可能在集成电路领域产生重要应用，尤其是在非常规半导体材料的制备中发挥作用。

脉冲激光沉积技术的应用比较广泛，其原理是将激光聚焦于靶材上，利用激光的高能量密度将部分靶材料蒸发甚至电离，使其能够脱离靶材而向基底运动，进而在基底上沉积形成薄膜或颗粒。用来制备金属、半导体、氧化物、氮化物、碳化物、硼化物、硅化物、硫化物及氟化物等各种物质薄膜，还用来制备一些难以合成的材料膜，如金刚石、立方氮化物膜，甚至可以用来合成金刚石、纳米管、纳米粉末、量子点等产品等。

脉冲激光沉积的优点包括：对衬底要求低，可对成分复杂化合物材料进行表面镀膜；对靶材的种类无限制，可保证薄膜成分和靶材成分一致。通过多靶沉积，可获得多组分薄膜；定向性强，沉积速率高，制备薄膜所需时间短；工作过程中可利用惰性气体、混合气体等来提高薄膜质量；薄膜均匀性高，可实现小范围薄膜沉积，可生长多层膜和异质膜；在真空环境中进行，对环境无影响，真空腔体易清洁。因此，脉冲激光沉积拥有巨大发展潜力。

根据新思界产业研究中心发布的《2022—2027年中国脉冲激光沉积（PLD）行业市场深度调研及发展前景预测报告》预测，脉冲激光沉积系统行业未来几年将保持稳步增长，市场规模将达到200亿元。脉冲激光沉积具有膜生长速度快、膜质量好的优点，随着技术不断进步，其制备工艺还将进一步优化，在半导体、超导体、生物工程等领域将发挥越来越重要的作用。总的来看，在真空镀膜领域中，脉冲激光沉积是现阶段应用范围最具发展潜力的薄膜制备技术。

在全球范围内，脉冲激光沉积设备相关生产商主要有德国SURFACE公司、荷兰TSST公司、美国SVTA公司、Vecco公司等。经过不断发展，我国真空镀膜设备生产能力不断增强，但产品结构不合理，脉冲激光光源受制于美国，主要以低端产品生产为主，高端产品需求对外依赖度大。脉冲激光沉积设备作为高性能薄膜制备装置，我国市场自给能力较弱，未来还有较大进步空间。

分子束外延（Molecular Beam Epitaxy，MBE）是一种新的晶体生长技术。分子束外延技术是在真空沉积法和1968年阿尔瑟（Arthur）对镓砷原子与GaAs表面相互作用的反应动力学研究的基础上，由美国贝尔实验室的卓以和在七十年代初开创的。其方法是将半导体衬底放置在超高真空腔体中，和将需要生长的单晶物质按元素的不同分别放在喷射炉中（也在腔体内）。由分别加热到相应温度的各元素喷射出的分子流能在上述衬底上生长出极薄的(可薄至单原子层水平)单晶体和几种物质交替的超晶格结构。分子束外延主要研究的是不同结构或不同材料的晶体和超晶格的生长。

随着超高真空技术的发展而日趋完善,由于分子束外延技术的发展开拓了一系列崭新的超晶格器件,扩展了半导体科学的新领域,进一步说明了半导体材料的发展对半导体物理和半导体器件的影响。分子束外延的优点就是能够制备超薄层的半导体材料;外延材料表面形貌好,而且面积较大均匀性较好;可以制成不同掺杂剂或不同成分的多层结构;外延生长的温度较低,有利于提高外延层的纯度和完整性;利用各种元素的黏附系数的差别,可制成化学配比较好的化合物半导体薄膜。MBE 技术在半导体器件领域得到了广泛的应用。利用 MBE 技术可以制备出高质量的半导体材料,如 GaAs、InP 等,这些材料可以用于制备各种半导体器件,如光电子器件、微波器件、传感器等。此外,MBE 技术还可以制备出量子点、量子阱等量子结构材料,这些材料在量子器件、光电子器件等领域具有重要的应用,推动了以超薄层微结构材料为基础的新一代半导体科学技术的发展。

2022 年全球分子束外延(MBE)系统市场规模大约为 5.6 亿元(人民币),预计 2029 年将达到 7.3 亿元,2023 年至 2029 年间年复合增长率(CAGR)为 4.9%。全球分子束外延系统的核心厂商包括 Veeco、Riber、DCA 等,前三大厂商约占有全球 60% 的份额。欧洲是全球最大的市场,占有大约 35% 的市场份额,之后是北美和中国,分别占比 30% 和 17%。国际制造厂商主要有 Veeco、Riber、DCA、Scienta Omicron、Pascal、Dr. Eberl MBE-Komponenten GmbH、Svt Associates、CreaTec Fischer & Co. GmbH、SemiTEq JSC、Prevac、EIKO ENGINEERING, LTD、Epiquest 等,我国主要厂商有沈阳科仪、国成仪器、费勉仪器等。目前国产设备以 4 英寸科研级设备为主,8 英寸设备及工业级设备等高端产品需求对外依赖度大。分子束外延设备作为高性能薄膜制备装置,我国市场自给能力较弱,未来还有较大进步空间。

总体上看,集成电路设备研发是一个综合性的工程领域,需要工程师掌握多个学科的知识,以便从概念到产品实现的全过程都能得到有效的处理。科学仪器设备与集成电路装备之间存在密切的关系,一方面科学仪器的发展往往是集成电路装备的开发和升级的灵感源泉,另一方面在现代集成电路研发、制造和测试过程中两者往往同时存在,相互协作,在集成电路研发和制造的不同阶段发挥着不同的作用,为现代电子技术的发展和应用提供了基础支持。

三、本学科国内外研究进展比较

在过去几十年,西方国家高举全球化大旗,大量制造业向亚洲国家转移,与此同时,欧美逐步去工业化。即便是具有高附加值的半导体行业,美国仅在设备、设计上掌握明显优势,在原材料、制造、封装测试等方面均被超越。就数据来看,美国在全球半导体制造业中的份额从1990年的37%稳步下降到现在的12%以下。

正是因此，美国政府在最近几年一直致力于加强本土半导体产业，特别是有着较高对外依存度的半导体设备和制造。台积电、三星等具有垄断地位的半导体制造商都被美国要求在美国开设晶圆工厂，英特尔公司也加强了美国本土晶圆厂的建设并加大相关投资。从上述情况可以看出，美国政府采用招商引资加本土企业投资的模式补齐自身产业链的短板，力图在2025年左右将半导体制造重新发展起来，避免在半导体制造环节因国际局势变幻而被限制。与上述高额投资遥相呼应，美国授权资金总额高达2800亿美元的《2022年芯片和科学法案》(CHIPS and Science Act 2022)，针对单一产业高额补贴的法案正式生效。该法案授权对美本土芯片产业提供巨额补贴和减税优惠，并要求任何接受美方补贴的公司必须在美国本土制造芯片。此外，该法案还将授权增加投入巨额资金用于尖端技术研究和科技创新。

美国《2022年芯片和科学法案》中有十一处明确提到中国，对中国充满敌意。该法案成立的美国芯片基金，投资542亿美元用于芯片和公共无线供应链创新（ORAN）。其中390亿美元财政援助，用于半导体制造、组装、测试、高级封装或研发的国内设施和设备的建设、扩建或现代化，110亿美元用于半导体相关的研发投资。另外有42亿美元分别被用于半导体相关的劳动力和教育基金、国防基金、技术安全和创新基金、公共无线供应链创新基金。

欧盟《欧盟芯片法案》2022年2月8日正式发布，该法案拟投入430亿欧元，计划到2030年将欧盟区芯片产能全球占比提升至20%。据相关报道披露，430亿欧元的资金将包括从各国国库中拨出的300亿欧元，投向"欧洲芯片计划"的公共投资110亿欧元，以及私人投资构成的欧盟芯片基金20亿欧元。该法案将确保欧盟拥有必要的工具、技能和技术能力，实现包括先进芯片设计、制造、封装等方面的提升，以保证欧盟地区的半导体供应链稳定并减少外部依赖。

欧盟推出《芯片法案》目的在于扶持欧洲本土半导体企业做大做强。虽然欧洲具有ARM、博世、英飞凌、ST、恩智浦等一批知名科技企业，但受美国英特尔、AMD、英伟达、赛灵思、TI等一批大厂排挤，除了ARM在嵌入式和智能手机领域地位稳固，欧盟的半导体企业基本被美国企业压着，只能在细分市场寻找存在感。欧洲半导体企业具有较好的技术积累和基础，在设计、制造、设备等领域都有自己的建树，但在全球处于比上不足比下有余的状态。

日本和韩国也提出了相关的半导体战略，旨在巩固自身在全球半导体产业中的地位，加大对半导体行业的投入。

韩国政府发布政府和企业在京畿道和忠清道规划半导体产业集群的"K-半导体战略"，集半导体设计、原材料、生产、零部件、尖端设备等于一体，旨在主导全球半导体供应链。在投资金额方面，到2030年，韩国将向半导体领域投资510万亿韩元（4500亿美元），大部分资金来自私营企业，总计有153家企业加入。为了实现这个宏伟目标，韩国政府将为新芯片技术研发项目的投资提供40%~50%的税收抵免，为新工厂的支出提供10%~20%的税收抵免。为了达成既定目标，150多家韩国芯片制造商承诺要在目标年投资超过510万亿韩元用于项目研发。

日本在2021年预算修正案中批准了"半导体产业基盘紧急强化一揽子方案"，共计7740亿日元的预算，涵盖半导体生产、半导体设备、5G通信等，其中计划拨出6170亿日元，用于强化半导体生产体系。据日媒报道，大约有4000亿日元用于资助台积电在日本熊本县建立一家新工厂，剩下的2000多亿日元用于其他半导体公司的项目。

近两年来，主要国家或地区都在积极推动半导体产业政策和出台相关法律，这预示着全球半导体供应链将会发生改变。纵览重点国家或地区出台的相关振兴半导体产业法案，可以看出未来半导体制造业，即晶圆厂为主要投资目标，而高端科学仪器与集成电路先进装备在生产和研发中处于底层根基位置，相关政策都对相关领域起到了促进和加强的作用。

在各国缩紧半导体产业及晶圆制造业回流的大环境下，为确保我国先进制程晶圆厂的投入，稳固我国半导体供应链的安全。目前，我国公布的28个晶圆厂建设项目，总投资达260亿美元，随着我国半导体产业的不断扩大，未来在晶圆厂的投资将持续增加。相对应地，在核心设备的投资攻关方面，随着大量晶圆厂的建设，半导体核心设备的需求将与日俱增，当前我国半导体核心设备主要依赖进口，未来国产替代将有很好的发展空间，因此在核心设备的科研技术攻关也要加大资金投入。在关键零部件方面，我国的自给率也很低，大量依赖进口，在国际环境日益严峻的背景下，加大研发相关核心零部件和关键耗材势在必行。

半导体行业作为知识密集型产业，研发投入占比在电子行业内属于较高水平。在核心半导体制造设备上，由于其复杂性和工程难度，相比于资金投入，技术上的探索是更为关键的。ASML在研发EUV光刻机时，历时十余年，投入六十亿欧元，联合了多个国家和地区的企业、科研院所等，因此EUV光刻机的研发是一项极其复杂的工程。在薄膜沉积设备和刻蚀设备方面，龙头企业美国应用材料和泛林集团的研发投入占比均超过营收的10%，在百亿元人民币左右，且该占比还在不断攀升。

近年来，全球半导体短缺，中国集成电路产业的发展离不开国家顶层战略的指导和配套政策的大力支持。我国出台了扶持集成电路产业发展的重磅政策《国务院关于印发新时期促进集成电路产业和软件产业高质量发展若干政策的通知》，从财税、投融资、研发、进出口、人才、知识产权、市场应用、国际合作等方面，支持集成电路和软件产业发展，提出我国芯片自给率要在2025年将达到70%。

芯片制造设备总体可分为用于晶圆制造的前道设备和用于组装、测试及封装的后道设备两类。晶圆制造设备在集成电路设备行业占比最高，封装和测试设备占比相对较低。从具体的晶圆制造过程来看，光刻、刻蚀、镀膜是占比最高的前道设备，合计市场规模占比超过70%；工艺过程量测设备是质量控制的关键设备，份额占比约13%；其他设备占比相对较小。

从发展态势来看，集成电路设备市场的发展与集成电路产业匹配，我国大陆及台湾地区、韩国是主要的设备消费地，是集成电路产品的主要制造和封测地，美国、日本和欧洲是主要的设备生产和供应地。其中，在晶圆加工的前道设备方面，美国居于绝对领先地位，日本在封测设备综合实力方面稳居领先地位。据高德纳咨询公司统计，全球规模以上晶圆加工设备商共计58家，其中日本的企业最多，达到21家，占36%，其次是欧洲的13家和北美的10家。

从行业领先企业发展情况来看，美国在前五大设备供应商中占据了三席，分别是应用材料、泛林半导体和科磊半导体，合计占据全球市场份额的36.5%。在全球市场份额超过一半的半导体设备种类中，日本产品有十种之多。日本企业占全球半导体设备总体市场份额高达37%。在电子束设备、涂布/显影设备、清洗设备、氧化炉、减压CVD设备等重要前道设备、以划片机为代表的重要后道封装设备和以探针器为代表的重要测试设备环节，日本企业竞争力非常强。

集成电路设备行业兼具知识密集、人才密集、技术密集、研发强度高等特征，大企业在行业内拥有强大的影响力。从全球范围内的市场占有情况来看，前十五大企业占据了八成以上的全球市场份额。其中美国、日本、欧洲、韩国和中国香港特别行政区企业数量分别为四家、七家、两家、一家和一家，韩国和中国企业均未进入前十名，设备行业的生产国和消费国表现出"倒挂"特征。

目前，我国集成电路设备的国产化率较低，其中光刻、刻蚀、镀膜设备这三大前道关键设备的总体国产化率最低。近年来，美国对我国集成电路产业的持续打压，我国不断加大集成电路设备投入，在关键设备和一些细分领域实现了突破，尽管在先进制程设备上依然严重受制于国外设备厂商制约，但在集成电路从制造到封测环节均有布局。

目前我国集成电路设备方面，已经有所进展，根据采招网数据统计，2022年本土晶圆厂中芯国际（绍兴）、长江存储、华虹宏力（包括华虹半导体、上海华力）等企业的前道晶圆制造、量测设备，后道封测设备中标结果。从三家制造厂商2022年设备招标情况来看，招标采购国产化率整体达到21%以上，但是设备价值来看，我国在光刻机、镀膜设备等高价值高技术含量设备占比较小，在清洗、炉管设备、干法去胶设备等低价值低技术含量占比较大。

从集成电路设备的全球发展态势以及竞争态势来看，设备领域总体上保持较高的增长态势，尤其是自动化、智能化、高效化的设备，为集成电路产业在摩尔定律驱动下的快速成长提供了基础支撑。然而，集成电路设备的消费与生产倒挂，我国集成电路产业的发展在设备环节的短板极为显著，成为影响产业安全和产业链稳定的重要隐患。从全球集成电路设备的领先企业来看，顶端巨头拥有行业内的绝对控制能力，并成为行业发展的技术路线主导者，但由于集成电路制造过程的多流程、高精度、高可靠性要求，在专业化分工的驱动下，中小企业在一些细分领域获取一定的竞争力，这也为处于后发追赶阶段的我国集成电路产业发展提供了机会窗口（见表1、表2）。

表1　2022年半导体主要设备企业营收数据　　　　　　　　　　单位：百万美元

排名	国别	公司	主要产品领域
1	美国	Applied Materials（应用材料）	沉积、刻蚀、离子注入、CMP等
2	荷兰	ASML（阿斯麦）	光刻
3	日本	Tokyo Electron（东京电子）	沉积、刻蚀、匀胶、显影
4	美国	Lam Research（泛林）	刻蚀、沉积、清洗
5	美国	KLA-Tencor（科天）	硅片检测、测量设备
6	日本	Advantest（爱德万）	刻蚀、清洗设备
7	美国	Teradyne（泰瑞达）	沉积、刻蚀、检测、封装贴片
8	日本	SCREEN（迪恩仕）	测量设备
9	韩国	SEMES（细美事）	清洗、光刻、封装
10	日本	Hitachi High-Tech（日立高新）	沉积、封装键合
11	日本	DISCO（迪斯科）	划片设备
12	荷兰	ASM International（先域）	沉积、封装键合
13	日本	Nikon（尼康）	光刻设备
14	中国	ASM Pacific（Technology）	后端集成、封装
15	日本	Kokusal Electric（科库萨尔电气）	热处理

表2　设备领域国内代表企业

序号	设备名称	国内主要厂家
1	光刻设备	上海微电子及其配套企业，如华卓精科、科益虹源、长春光机所、奥普光电、国科精密、国望光学
2	刻蚀设备	中微公司、北方华创、拓荆科技、屹唐半导体
3	镀膜设备	北方华创、沈阳拓荆、盛美半导体
4	量测设备	前道检测企业主要有上海睿励、上海精测、中科飞测、ITEC等，后道测试企业有长川科技、华峰测控、佛山联动、上海御渡、合肥悦芯等
5	清洗设备	盛美半导体、至纯科技、北方华创、芯源微
6	离子注入设备	北京中科信、上海凯世通
7	CMP设备	华海清科、中电科四十五所、天隽机电
8	热处理设备	北方华创、屹唐半导体、盛美半导体
9	去胶设备	屹唐半导体
10	涂胶显影设备	芯源微
11	清洁室装备	亚翔集成、十一科技

科研设备在集成电路领域的应用是促进产业升级的一个重要因素，是推动集成电路设备发展的母技术，因此是分析设备行业发展和技术研究的重要因素。传统集成电路装备与科研仪器之间在功能、设计、性能和应用领域等方面存在明显的差异。在功能和应用领域方面，传统集成电路装备主要用于大规模制造过程，如光刻机、气相沉积设备等，而科研仪器则用于科学研究和实验室环境中，如原子力显微镜、拉曼光谱仪等，用于探索新材料和现象。在设计和制造方面，传统集成电路装备注重工程化需求，以满足大规模生产，而科研仪器更加灵活，以适应多样的研究目标。在性能和精确度方面，集成电路装备需要保障一致的产品质量，而科研仪器则需提供高分辨率的测量和分析。至于自动化程度，传统集成电路装备在生产过程中高度自动化，而科研仪器通常更注重研究人员的灵活操作。

从集成电路装备技术的发展历程上看，传统集成电路装备的发展离不开科研设备的影响和启发。随着信息技术的飞速发展，集成电路作为现代电子产品的核心，其制造和研发日益复杂化。先进科学仪器的运用为集成电路行业提供了更精确的测量、分析和控制手段。尤其在下一代集成电路研发方面，科研设备有力推动了行业的技术进步，有助于保障集成电路的性能和质量，推动技术的创新。这些科学仪器在集成电路制造过程中的潜在应用涵盖了工艺研究、质量控制和故障分析等领域，对于提高生产效率、降低成本以及优化产品性能具有至关重要的作用。虽然科研仪器行业体量不大，但在整个集成电路产业发展中的作用却十分重要，二十世纪九十年代初，美国商业部标准局出过一份报告：仪器仪表工业总产值只占工业总产值的4%，但它对国民经济的影响达到66%。随着技术的不断进步，科学仪器在集成电路行业的应用将持续演化，为行业的发展带来新的机遇和挑战。

目前，中国对高端仪器支持的项目主要来自国家自然科学基金委（NSFC）的国家重大科研仪器研制项目和科技部的"重大科学仪器设备开发"重点专项。

国家重大科研仪器研制项目自1998年启动以来，经历了专项项目、国家重大科研仪器设备研制专项、国家重大科研仪器研制项目三个阶段。1998年，自然科学基金委设立了科学仪器基础研究专款项目，对科学仪器基础研究进行专项资助。早期的资助年限为三年，从2011年起，更改为四年。而项目资助限额从早期的二百万元提升到2010年起的三百万元。该项目在2014年并入国家重大科研仪器设备研制专项。2011年，国家加大了对重大科研仪器研制项目的资助力度。在原有专项项目的基础上新增国家重大科研仪器设备研制专项。当年仅有千万元以上的部委推荐项目进行申报和立项。直至2012年，国家自然基金委出台"关于国家重大科研仪器设备研制专项"申报指南，明确指出该项目依据资助限额不同区分为部委推荐及自由申请两类。部委推荐项目资助限额千万元及以上，自由申请项目资助限额千万元以下。资助年限均为五年。2022年全国共有八十一个项目获得国家重大科研仪器研制项目（五个部门推荐，七十六个自由申请），总金额为10.53亿元。相较于2021年，2022年国家重大科研仪器设备研制项目资助项目无论从项目数量、项目总额还是单个项目金额方面均有提高。

科技部重大科学仪器设备开发重点专项旨在提高我国科学仪器设备的自主创新能力和自我装备水平，2011年科技部会同财政部设立了国家重大科学仪器设备开发专项（以下简称仪器专项），资助开发皮实耐用、功能健全的科学仪器。"十二五"期间，该专项共部署了208个项目。"十三五"初期，仪器专项被整合进国家重点研发计划，2016年"重大科学仪器设备开发重点专项"作为国家重点研发计划首批启动的专项之一，再次进入实施阶段。根据科技部发布的《"基础科研条件与重大科学仪器设备研发"重点专项2022年度项目申报指南（征求意见稿）》显示，2022年我国高端通用科学仪器设备开发重点研究方向为共32个，科学仪器相关核心关键零部件开发与应用重点研究方向共34个。据国家统计局发布的《全国科技经费投入统计公报》，近三年仪器仪表制造业科研经费金额在逐年提高，科研经费投入强度在不断加大，近三年研发投入强度平均值为3.32%。

此外，针对高端科研仪器部分地方性政策也给予了一定支持。北京的《关于支持发展高端仪器装备和传感器产业的若干政策措施的通知》明确指出：支持科学仪器和传感器关键核心技术研发；支持先进工艺技术应用；鼓励创新主体争取国家专项支持；鼓励创业团队落地怀柔科学城；支持科学仪器科技服务业发展；优化科研仪器创新产品采购程序等一系列政策；并且对经济支持金额做出了明确规定。上海的《中共中央、国务院关于支持浦东新区高水平改革开放打造社会主义现代化建设引领区的意见》指出，浦东要从加快关键技术研发，打造世界级创新产业集群，深化科技创新体制改革等方面，全力做强创新新引擎，打造自主创新新高地。同时其中规定，允许浦东认定的研发机构享受进口自用设备免征进口环节税，采购国产设备自用的给予退税政策。南京在工业企业技术装备投入普惠性奖补项目规定等政策中对高端项目技术设备的采购和评奖做出一系列规定。此外，无锡、济南等城市都颁布了集成电路产业相关的支持措施，其中对设备购买和研发均有利好政策。

虽然利好政策较多，但总体上看，与仪器研发直接相关的支持措施还是有所欠缺，对研发的投入还有很大的提升空间，尤其是地方政策补贴大多围绕集成电路仪器和装备的采购和应用环节展开。这一定程度上也是由于我国科研仪器研究与产业化存在一定脱节。目前，虽然我国已经成为仪器设备制造大国和出口大国，但是出口的多为低端产品，进口的多为高端产品。以光学显微镜为例，光学显微镜被人类制造出来已经四百多年，然而，世界高端光学显微镜品牌，公认的是德国的徕卡和蔡司、日本的尼康和奥林巴斯公司，四家企业占据着世界显微镜市场50%以上的市场份额，我国半导体领域所使用的高端光学显微镜，也几乎都被它们垄断。我国显微镜出口量两三百万台，年均进口五万台左右，出口数量远高于进口数量，但出口金额却远远低于进口金额。这说明我们进口的单台平均价格远高于出口价格，产业总体上有量无质。

通过前文对集成电路仪器设备全球发展情况和国内现状的全景梳理，我们可以看到现阶段我国集成电路设备产业相对于国际领先水平仍处于追赶阶段，总结而言大致表现为：

自主可控的设备供应链尚未建立，上游关键零部件尚未突破，支撑研发自立的政策体系尚未健全，围绕产业应用持续发展的生态闭环尚未形成。需要从核心零部件、关键技术、整机系统等各层面开展积极布局和精准支持。

四、本学科发展趋势及展望

（一）整体布局

从集成电路设备的全球发展态势以及竞争态势来看，设备领域总体上保持较高的增长态势，尤其是自动化、智能化、高效化的设备，为集成电路产业在摩尔定律驱动下的快速成长提供了基础支撑。然而，集成电路设备的消费与生产倒挂，我国集成电路产业的发展在设备环节的短板极为显著，成为影响产业安全和产业链稳定的重要隐患。从全球集成电路设备的领先企业来看，顶端巨头拥有行业内的绝对控制能力，并成为行业发展的技术路线主导者，但由于集成电路制造过程的多流程、高精度、高可靠性要求，在专业化分工的驱动下，中小企业在一些细分领域获取一定的竞争力，这也为处于后发追赶阶段的我国集成电路产业发展提供了机会窗口。

未来十年的发展应采取三步走的阶段性布局计划，发展重点应放在主要设备、核心材料和关键零部件三方面，稳步、逐一地攻克技术难题。第一步，在一至三年内，对于主要设备，完成短板布局，将光刻机、量测设备拆分多个子系统独立攻关，继续推进已国产落地的沉积和刻蚀设备技术迭代，实现更先进的性能；对于关键材料，巩固中低端产品的产业链条，鼓励产业链相关验证并使用国产材料，推动产业整体进步；对于核心零部件，布局已有前期基础且技术门槛相对不高的核心零部件的国产化，如传动装置、密封圈、石英陶瓷件等。第二步，在三至五年内，对于主要设备，布局光刻机、量测多个子系统的整机配置，实现产品商业化；对于关键材料，布局推进国产核心制造设备打入核心国内核心半导体制造工艺线，实现制造设备的高国产率；对于关键材料，布局高端材料，对国产光刻胶的研究进行布局，注重基础研发投入；对于核心零部件，攻关技术难度较高的核心零部件，突破核心设备射频电源、气体流量计的国产化，推进核心零部件的国产化率。第三步，在五到十年内，对于主要设备，布局重点难点装备的国产化验证替代，形成规模性的生产应用，推动相关高校企业协同攻关，突破核心设备核心模块的技术封锁。对于关键材料，布局技术难度大、制造复杂的尖端关键材料，布局高纯度衬底及靶材，掌握高附加值材料的话语权；对于核心零部件，布局技术难度高，需多学科交叉融合攻关的核心零部件，如静电吸盘、超高功率激光器等。

（二）光刻机

光刻机是所有半导体制造设备中技术含量最高的设备，因此也具备极高的价值，目前全球高端光刻机被荷兰 ASML、日本尼康、日本佳能完全垄断，其中 EUV 光刻机更是先进制程（7nm 以下）的关键核心设备，被 ASML 公司独家垄断，其单台设备售价约 1.2 亿美元，涉及精密光学、精密运动、精密物料传输、高精度微环境控制、系统集成等多项先进技术，零部件达十万余种，被誉为半导体工业皇冠上的明珠。

光刻设备的发展在不断降低光源波长，光源的波长决定晶体管线宽，波长越短所能制备的线宽越小。第一代和第二代的光刻机采用紫外（Ultra Violet, UV）光源，使用汞灯产生的紫外 436nm G-line 和 365nm I-line 作为光刻光源，第三代和第四代的深紫外（Deep Ultra Violet, DUV）光刻将 248nm KrF 和 193nm ArF 准分子激光器做光源，第五代的极紫外（Extreme Ultra Violet, EUV）光刻机采用等离子体极紫外激光光源。第一代和第二代一般采用接近式或接触式的曝光方式，实现 0.8～0.35nm 制程芯片的生产。随后第三代的 248nm KrF 准分子激光光源的 DUV 光刻机，使用扫描投影的曝光方式，将工艺节点提升至 350～180nm 水平；第四代的 193nm ArF 准分子激光光源的 DUV 光刻机，更是将工艺节点提升至 65nm 的水平。2002 年，台积电林本坚博士基于第四代的 DUV 光刻机提出"浸没式光刻机技术"，并与 ASML 合作研制出首台浸没式光刻机，使用水介质提升透镜的数值孔径，通过提高成像分辨率得以将工艺节点推至 22nm。2013 年，ASML 交付了基于 13.5nm 波长的 EUV 极紫外光刻机，数值孔径（NA）0.33，可以直接应用于 5nm 及以下的工艺节点的光刻过程，大幅精简了光刻次数且成像效果更好，并且预期 2023 年年底，ASML 将 EUV 数值孔径（NA）增加到 0.55，进一步提升光刻机性能，其售价也预计达三亿美元，ASML 也凭借领先的 EUV 光刻机技术，成为全球光刻机领域高端市场的龙头企业。

高端光刻机的制造没有捷径，必须加大基础科学的重视和投资力度。国际先进技术路线是不断缩小光源波长、增加光学聚焦的数值孔径实现更小的聚焦光斑，以此来提升光刻的工艺节点。在光源方面，技术路线已基本确定，在 DUV 光刻机中，主要应用了准分子激光器，配合浸没液体可以实现先进工艺制程。在 EUV 光源方面，目前主流的激发方法有激光等离子体（LPP）和气体放电等离子体（DPP）。目前可商用的 EUV 光源是利用超高能激光激发等锡滴产生等离子体（LPP），实现极紫外光线的发射。双工作台的模式已被认为是最为高效的工作模式，未来其技术路线不会有太大变化，将在精度、速度和稳定性上继续迭代。

光刻机的难点在于五大核心模块：光源、光学系统、双工作台、真空系统、光刻软件。另外除了每个细分子系统需要大量基础研究的投入外，整机设计及组装量产也是一大工程难题。

我国目前光刻机设备的技术积累比较薄弱，主要产品集中在非核心工艺，虽具有一定的市场竞争力，但占整体半导体市场份额较小。在半导体核心工艺的国际市场中比较被动，没有核心竞争力，也没有相关产品，关键光刻设备依然严重依赖进口，尖端光刻设备被西方禁运，因此我国需要继续加强相关产业支持，补齐短板。

虽然我国目前光刻机产业布局初见成果，但面临着诸多风险。如光刻机核心组件研发不及预期，部分核心零部件研发遇到瓶颈，无法及时交付，会影响后续整机的配装。半导体行业景气度不及预期，由于疫情的影响，全球缺芯严重，半导体产业受影响严重，多数代工厂无法复产复工，导致大量订单积压，半导体核心设备也受到冲击，迭代需求减弱。国外顶尖制程工艺再度突破，以台积电为例，目前5nm芯片已经量产，正在全力研发3nm芯片，反观我国的高端光刻机迟迟未能量产。

我国在光刻机领域的重点任务应关注以下几点。

一是实现国产28nm浸没式DUV光刻机的量产。目前，28nm浸没式DUV光刻机各个子系统已完成验收，实现了相关指标，但整机量产却迟迟没有进展。政府应支持关键企业攻坚克难，同时协同相关配套企业跟进，尽快实现这一关键制程的国产光刻机下线。

二是继续支持已有前期基础的相关企业布局EUV光刻机的核心零部件。前期的专项布局中，已孵化了相关零部件企业，接下来应着重攻克EUV光刻机核心部件难题，实现核心零部件或系统的国产突破。借鉴之前专项经验，支持校企合作，加快科研成果转化。核心零部件力争打入国际尖端光刻机供应链，实现你中有我，我中有你。

三是重点支持国内晶圆厂商开国产设备验证线，解决国产设备企业后顾之忧。目前我国半导体行业的核心工艺设备国产率很低，核心的光刻设备更是严重依赖进口，政府应鼓励国内晶圆厂商在核心光刻工艺上使用国产设备，可以加速国产设备厂商的产品迭代，实现良性循环。

挑战与机遇是并存的，目前摩尔定律的延续已经逼近物理极限，我国应在国际光刻机研发放慢脚步的大背景下抓紧追上，加大相关产业的投资力度，避免与主流市场拉大差距。

（三）薄膜沉积设备

相较于光刻机代际的发展，薄膜沉积设备也随着工艺节点的演进，不断更新迭代。薄膜沉积设备主要利用化学方法或物理方法在晶圆表面沉积介质薄膜或金属薄膜，常用的设备有物理气相沉积（PVD）设备、化学气相沉积（CVD）设备和原子层沉积（ALD）三大类。随着制程精进，要沉积的层更多，薄膜沉积设备在集成电路制程中的使用越来越频繁和愈发重要，另外随着对工艺节点的推进，半导体器件朝更复杂、更高深宽比，甚至是3D异形结构的方向发展，在先进制程节点下，原来用于成熟制程的PVD和CVD等工艺设备在一些关键工艺环节无法满足相关的需求，ALD设备越来越成为先进工艺节点下薄膜沉积的关键。ALD由于自限制生长和交替进行的表面反应，因此可以很好控制薄膜的厚度、成分和结构，同时台阶覆盖率和沟槽填充均匀性极佳，特别是在一些对生长温度及热预算有限制，以及对薄膜质量和台阶覆盖率有较高要求的领域，因ALD设备的应用也越来越广泛。

如2007年英特尔公司首次将ALD技术沉积的高介电常数材料（high-κ）和金属栅组

合引入集成电路芯片制造中，采用的 ALD 设备沉积的 3nm 的 HfO_2 层等效 SiO_2 栅氧化层厚度为 0.8nm，而实际物理厚度的增加大大减弱了量子隧穿效应的影响。随后 ALD 设备顺利将摩尔定律延续至当下最先进的 5nm 工艺制程，并将继续支撑 3nm 和 2nm 的 GAA 技术。目前 ALD 设备主要在 45nm 节点下的高 k 栅介质材料的栅氧化层沉积、28nm 节点下的金属互连阻挡层和 W 的籽晶层、14nm 以下节点制备 3D FinFET 和 GAA 结构，以及 DRAM 电容和 3D NAND 的高深宽比结构薄膜沉积等方面，使用 ALD 设备大幅度替代原有其他沉积设备。

另外镀膜设备也逐渐平台化，在同一台机器里面，集成了所需要的 PVD、ALD，以及 CVD 设备，通过真空互联技术，在同一平台设备中，完成整个镀膜工艺。如应用材料公司铜互连解决方案在高真空条件下将 ALD、PVD、CVD、铜回流、表面处理、界面工程和计量这七种不同的工艺技术集成到一个系统中。其中，ALD 选择性沉积取代了 ALD 共形沉积，省去了原先的通孔界面处高电阻阻挡层。解决方案中还采用了铜回流技术，可在窄间隙中实现无空洞的间隙填充。通过这一解决方案，通孔接触界面的电阻降低了 50%，芯片性能和功率得以改善，逻辑微缩也得以继续至 3nm 及以下节点。

国产沉积设备的重点任务有如下三方面。

一是针对沉积类型设备平台化的发展趋势，需要整合各镀膜厂商的优势资源，建立统一的设备平台化接口标准，在无法完全同一家企业平台化的情况下，可以努力实现机台输出输入标准的平台化上下游联动；

二是培育国产零部件替代厂商，对使用国内零部件替代的产品进行一定的政策和资金扶持，培育核心设备零部件的验证产业链；

三是政策推动应用企业和镀膜设备企业的协同发展，努力打造镀膜平台型企业，为工艺平台化的发展和镀膜设备的发展趋势储备技术力量。

（四）刻蚀设备

相似于薄膜沉积设备的发展，刻蚀设备随着先进工艺节点的演进，对设备的加工能力要求更加严苛。刻蚀设备是通过移除晶圆表面材料，在晶圆上根据光刻图案进行微观雕刻，将图形转移到晶圆表面的工艺设备。在刻蚀方面，当采用 DUV 光刻进行多重模板工艺实现 14nm 制程时，所需使用的刻蚀步骤达到 65 次，7nm 制程所需刻蚀步骤更是高达 140 次，因此在更为关键的工艺节点上，刻蚀机的使用频率大大增加；相应地，对刻蚀工艺控制能力要求也更为严苛。以自对准四重图案工艺（Self-Aligned Quadruple Patterning，SAQP）为例，在此过程中对心轴、介质间隔物、硬掩膜材料等进行刻蚀，需要精确控制每一次刻蚀过程，过刻或少刻将带来器件性能偏差甚至器件失效，导致产品良率低。

另一方面随着特征尺寸的缩小，晶体管结构也由 2D 向 3D 转化，出现了更多高深宽比和小特征尺度结构。器件结构 3D 化引起集成电路架构复杂度逐步增加，刻蚀的难度越来越高，刻蚀工艺的占比也越来越大。对于 GAA 晶体管的制造，相较于 FinFET 工艺，需要多步骤地刻蚀出器件 3D 结构，并严格控制器件沟道在等离子体中的表面损伤，以避免器件的失效。存储器同逻辑电路发展路线一样，也受到工艺节点和器件 3D 化的影响，以 3D NAND 闪存产品为例，其台阶刻蚀过程需要对百余组 SiO_2/Si_3N_4 薄膜进行刻蚀，刻蚀工艺过程需要精确判断及严格控制每一层的刻蚀工艺过程；否则，会对刻蚀工艺的精准度产生较大影响，直接影响产品良率。

目前主流的刻蚀机主要是电容、电感耦合等离子刻蚀机。另外，随着三维集成、CMOS 图像传感器（CIS）和微机电系统（MEMS）的兴起，以及硅通孔（TSV）、大尺寸斜孔槽和不同形貌的深硅刻蚀应用的快速增加，多个厂商推出了专为这些应用而开发的专用刻蚀设备。

集成电路芯片刻蚀工艺中包含多种材料的刻蚀，单晶硅刻蚀用于形成浅沟槽隔离，多晶硅刻蚀用于界定栅和局部连线，氧化物刻蚀界定接触窗和金属层间接触窗孔，金属刻蚀主要形成金属连线。电容性等离子体刻蚀主要是以高能离子在较硬的介质材料上，刻蚀高深宽比的深孔、深沟等微观结构；而电感性等离子体刻蚀主要是以较低的离子能量和极均匀的离子浓度刻蚀较软的和较薄的材料。

伴随集成电路的微缩和 3D 结构化，刻蚀工艺占比不断增高，市场规模逐年增加，目前刻蚀机市场主要由美国（泛林、应材）、日本（东京电子）厂商垄断，这三家企业的合计市场份额就占到了全球刻蚀设备市场的 90% 以上。其中泛林半导体独占 52% 的市场份额。

集成电路发展趋势的变化对刻蚀的均匀性、低损伤、良率要求越来越严苛。当前芯片制造已步入 3nm 节点，器件尺寸的不均匀性很大程度上将影响整个器件的稳定性、漏电流和电池功率损耗，引起器件失效和良率降低，刻蚀工艺技术面临极大挑战，原子层刻蚀工艺（atomic layer etching，ALE）成为新的选择。2016 年泛林集团推出了首台 ALE 产品，ALE 设备能够将刻蚀精确到一个原子层，刻蚀过程均匀地、逐个原子层地进行，并停止在适当的时间或位置，从而获得极高的刻蚀选择率。ALE 不仅具有极高的刻蚀选择率，其刻蚀速率的微负载（micoloading）效应也因为自饱和效应的保证而几乎为零，不论在反应快的部位和反应慢的部位，每个周期仅完成一个原子层的刻蚀。另外，ALE 所用到的等离子体相当弱。有的采用远程等离子源，等离子体携带的紫外辐射和电荷量大大降低，从而引起的器件电学损伤相应减弱。基于精确的刻蚀控制、良好的均匀性、小的负载效应等优点，ALE 也越来越受到重视，成为未来刻蚀工艺的发展方向。

刻蚀设备有望率先完成国产替代。从国内市场来看，刻蚀机尤其是介质刻蚀机，是我国最具优势的半导体设备领域，也是国产替代占比较高的重要半导体设备。目前我国主流设备中，去胶设备、刻蚀设备、热处理设备、清洗设备等的国产化率相对占比较高。而这之中市场规模最大的则要数刻蚀设备。我国目前在刻蚀设备商代表公司为中微公司、北方华创以及屹唐股份。目前等离子体刻蚀设备的市场规模也超过了120亿美元，约占全球刻蚀市场规模的85%左右，成为刻蚀设备的绝对主流。未来随着中微、北方华创等公司对设备研发的不断投入，刻蚀设备国产化率进一步提升未来可期，当前刻蚀设备的国产化率约20%，是目前国产替代占比最高的重要半导体设备，也有望率先完成国产替代。

我国关于刻蚀设备方面，已有一定的发展布局，但是目前仍同国外技术存有一定的代差，目前关于刻蚀机方面的重点任务有如下三方面。

一是开展先进工艺节点的刻蚀设备攻关，缩短与先进刻蚀设备机台的技术差异提升设备国产化率；

二是尽早布局先进的下一代的刻蚀技术（ALE），避免一直跟跑落后的局面；

三是提升设备零部件国产化率，加强工艺验证，协同优化改善国产刻蚀机的质量，扶持国产零部件，在国产设备零部件的使用验证上，给予一定的政策鼓励。

国内刻蚀机虽然已逐渐缩小了同国外先进刻蚀厂商的技术差距，但是仍然存在被国外卡脖子的环节，其核心零部件仍然依赖进口，国产化约为20%，面临较大的供应链供应风险。

（五）关键材料

虽然我国集成电路材料产业在"补链强链"、科研实力等方面取得了不错的进展，但依然存在企业规模整体偏小，高端产品供给不足、公共服务能力偏弱等问题，高端材料发展短板仍有待补齐。其主要问题包括：一是企业规模普遍较小，协同发展水平不高。当前，我国集成电路材料企业规模都偏小，存在水平低、体量小、市场占有率低等情况。同时，集成电路设计、制造等环节的行龙头企业对整合产业链上下游优质资源的能力与意愿不强，企业间的协同创新与链条式发展能力偏弱。二是核心研发能力较弱，高端产品供给不足。我国在整个集成电路材料体系建设方面尚不健全，如芯片制程用到的光刻胶、工艺化学品的产业化供应尚属空白，光掩模、封装材料等产品大多集中在中低端，高端材料自给率明显不足，对外依赖程度大和"卡脖子"问题依然比较严峻。三是公共服务能力有待提升。如我国国家新材料测试评价平台-电子材料行业中心，以及中广测等大型测试评价机构，其设备和技术能力仍不能完全覆盖全国各个企业高端材料的测试评价需求，特别是一些高端光刻胶、超高纯气体、前驱体溶剂等的分析评价，缺少相应的先进设备和方法标准；此外，在国产集成电路材料的应用评价方面，也缺乏健全的评价体系、标准和平台。

半导体材料位居产业链上游，种类繁多。芯片制造工序中各单项工艺均配套相应材料。目前全球半导体材料生产商主要以美国、日本、韩国和中国台湾地区厂商为主。以硅晶圆材料为例，全球硅片厂商被日本信越科学、日本三菱住友、中国台湾环球晶圆、德国Siltronic、韩国LG所占据，且这些厂商生产的硅片覆盖4至12英寸。

中国半导体硅片厂商主要集中在6至8英寸硅片。近年来，12英寸硅片产线成为中国各大半导体硅片厂商积极建设或规划的重点。目前中国上海新昇半导体科技有限公司已具备12英寸硅片的生产能力，并通过了上海华力微电子有限公司和中芯国际集成电路制造有限公司的供应商验证。除此之外，江丰电子和晶瑞股份已分别在溅射靶材和光刻胶领域打破了国外厂商垄断格局，推动了中国半导体靶材和光刻胶材料国产化进程。整体而言，受技术水平不高等因素影响，中国半导体材料厂商与国外厂商相比，市场竞争力不强。未来，在中国半导体国产化进程加快的趋势下，半导体材料生产商发展空间将逐步增大。

材料行业需要下游企业的应用为牵引，获得下游应用企业积极对国产材料验证，而材料的验证需要大量资源，往往材料企业很难独立承担，应用企业也无验证动力。另外应用企业也要求材料生产企业能够具备高纯度制造和稳定的能力，同时还需满足应用领域企业的定制化需求，才能拉动材料生产的发展，这也对材料企业提出很高的技术要求。

虽然目前有些环节可以实现自给自足，但是再往上游看，生产该种材料的原材料或设备仍需要大规模地进口，不突破这项桎梏，永远不能实现真正的集成电路材料自由。

针对以上困难，应由政府牵头，各地的集成电路材料企业主导，针对当前发展现状，因地制宜地提出相应的规划，发挥各地人才和技术优势，合理布局核心技术研发、上游基础材料、中游配套器件、下游应用终端，实现技术、应用和关键设备等多点突破。针对关键核心技术、技术难题，组织开展技术交流合作、揭榜挂帅等，推动关键技术创新，精准打通供应链堵点、断点，畅通产业循环、市场循环。

针对材料制造行业的上游制定相应的发展规划，建立新材料上游产业链评估机制，开展对电子信息新材料产业链水平的评估，明确产业链短板，评估关键材料替代可能性，按照不同产品的国产化现状分类施策。对于市场急需、从无到有的关键核心技术短板，协调推动供应链上下游联合攻关；对与国外同类技术仍有差距的产品，统筹加强工程化验证和产品质量提升，实施"备链"计划；对国内技术相对成熟的首批次材料，通过政府采购、保险补偿、考核免责等系统政策，推动大规模市场应用。

当前我国半导体材料机遇与挑战并存，国内集成电路产业处于高速发展时期，半导体材料国产化率低，参与国际竞争能力远远不足，主要产品集中在中低端，而高端产品极度依赖进口。借鉴日本等国家半导体产业近三十年发展特点，以衬底、光刻胶为代表的材料技术水平当前仍处于追赶阶段，需要等待技术迭代中实现弯道超车的契机，重点关注下一代技术，全面布局。国内半导体材料企业应与国内晶圆厂开展紧密合作，突破与国内IC制造工艺相匹配的材料工艺，绕开海外专利实现专门与国内产业技术相匹配的特色产品，发展纵向技术链。利用包括光刻胶在内的国产半导体材料在国内晶圆厂的放量验证，解决长期的工程技术问题，应用上的难点，稳定性、重复性、经验积累等问题。

由于当前全球集成电路关键材料产业呈现高度集中的态势，日本、中国台湾地区等又处于地震、台风、海啸等自然灾害多发区域，因此突发自然灾害对集成电路关键材料全球供给所带来的风险不能忽视。

应重视半导体材料的基础技术研究、学科建设及人才培养，为实现"自给自足"打好根基集成电路材料技术发展水平与物理、化学、材料学、微电子学等基础学科的研究能力密切相关。设立半导体材料专门研究机构，集中产学研优势科研力量实施专项技术攻关集成电路材料技术发展要依靠跨学科、多学科的学科交叉融合研究来实现。建议国家从全国各大高校、科研院所和科技企业中抽调相关学科、专业和技术方向的优质研究力量，成立产学研相融合的专门研究机构，针对集成电路材料研发过程中所遇到的困难与瓶颈开展专项技术攻关，加速推动我国集成电路材料的国产化进程，争取早日实现集成电路材料特别是关键材料的国产化替代。

我国集成电路材料发展面临以下三大重点任务。

一是加速建设集成电路材料表征测试和应用研究平台，为研发机构和企业提供材料表征测试的"一站式"解决方案。

二是建立集成电路材料相关行业标准和评价体系。根据国内下游龙头芯片厂商的实际使用需求，依托集成电路材料行业现有的标准化产品，由平台通过大量比对测试和分析，研究并确定材料关键性能的控制指标、分析测试指标、测试操作规范以及制备工艺标准，构建完整的评价体系。

三是加快建设自主可控的集成电路材料行业数据库，通过市场化和优惠政策，引导企业使用表征测试和应用研究平台，另外，依托数据库建设集成电路材料基因组技术创新平台，构建材料机理和组分、工艺和集成条件、材料和芯片性能之间关系数据库和模型，设计并筛选新材料。通过共享资源降低研发成本，提高研发效率、缩短产品研发周期，加速国产集成电路材料创新和企业发展。

（六）核心零部件

半导体设备由成千上万的零部件组成，零部件的性能、质量和精度直接决定着设备的可靠性和稳定性，也是我国在半导体制造能力上向高端化跃升的关键基础要素。国内半导体零部件产业起步较晚，产业总体水平偏低，高端产品供给能力不足，产品可靠性、稳定性和一致性较差的问题日益凸显。我国半导体设备在逐渐崛起的背景下，为解决零部件技术难题，需要对设备涉及的主要零部件进行攻关，按零部件的急迫性给予一定的政策支持，如对以射频电源、静电吸盘等高垄断、研发难的零部件技术应加紧布局，并联合设备厂家，形成协同开发合作，发展零部件验证链，有利于解决零部件的性能、质量和精度以及产品整体的可靠性和稳定性问题。

核心零部件作为集成电路设备乃至集成电路产业链的基石，其市场规模2020年约为250亿美元，2022年约400亿美元。参考国内集成电路设备公司的营业成本数据，零部件的采购支出占到集成电路设备成本的80%以上，约70%的利润被国外核心零部件供应商攫取。但是集成电路核心零部件领域技术集中度高，主要被美国、日本、欧洲等国际厂商垄断。在国家02专项等项目及国家集成电路产业投资基金的支持下，国产集成电路零部件厂商也取得了快速的发展，正在共同推动集成电路设备的国产化及集成电路制造技术的自主可控。

由于行业技术壁垒高，且国产厂商起步晚，目前集成电路零部件各细分产品主要被美国、日本、欧洲、韩国和中国台湾等少数企业所垄断，国产化率较低。尽管当前我国半导体产业处于加速发展阶段，但国内半导体零部件产业仍面临着国产化率低下，产业长期支持和投入力度不足，企业自主创新能力薄弱，产业上下游联动合作不畅，人才培养和激励机制缺失等诸多困难。

集成电路设备零部件涉及的类型众多，按照零部件的主要材质和使用功能可以分为硅/碳化硅件、石英件、陶瓷件、金属件、石墨件、塑料件、真空件、密封件、过滤部件、运动部件、电控部件以及其他部件共十二大类。涉及的知识产权类型较为复杂，无法一一进行分析。在零部件国产化的过程中，应积极与设备厂商和上游材料厂商构建技术联盟，共建专利池，三者协同，构建国产设备、零部件以及原材料等共同的专利壁垒，保护自有的知识产权。

集成电路零部件龙头企业高度集中在美国、日本、欧洲和韩国。通过对于全球主要集成电路零部件企业的集成电路收入进行统计，美国集成电路零部件企业的收入合计占比44%，日本企业则占比33%，欧洲占比21%。其中，美国主要涉及RF电源、气体流量计、真空产品等多种零部件；日本主要涉及静电吸盘、流量计、RF电源、真空泵、气体阀门、陶瓷件等零部件；欧洲主要涉及真空泵、真空计等零部件。

目前我国设备零部件发展不及预期，面临着诸多技术难题风险，部分核心零部件研发困难，市场规模小，国外先进厂商技术壁垒高，难以实现国产化替代，影响设备整机的供应安全。目前我国已成为集成电路设备的最大消费国，为推动产业自主发展，近年来我国在集成电路产业设备领域涌现出一大批开拓者，在一定程度上有利于实现部分设备的零部件国产替代，促进设备零部件方面的发展。

集成电路设备零部件本身行业规模不大和超长的产业链特征，降低了后发者进入的吸引力，且难以突破领先者形塑的技术路线，在后发赶超过程中还会面临领先企业依托自身优势构筑的进入壁垒以及可能实施的定向狙击。为此，需进一步保持战略定力，推动设备零部件领域的国产化和赶超发展，不仅要着眼于长期发展目标以加大政策支持力度和创新政策工具，还要把握技术、市场等机会窗口期推动产业跃迁，强化国际合作尤其是与处于类似市场地位的国家合作，完善我国在设备零部件领域的供应链体系。

我国集成电路零部件发展面临以下三大重点任务。

一是建设集成电路零部件应用验证平台，为研发机构和企业提供零部件测试验证的场景，关注核心设备零部件厂商的发展，上下游联动，培育国产零部件替代厂商。

二是扩大国产零部件的市场占有率，发挥集成电路零部件验证平台优势，由平台通过大量比对测试和分析,研究并给出零部件关键性能的指标和验证结论,由平台推广至国内市场,避免不同厂家的重复验证。

三是培育核心设备零部件的验证产业链,增加使用国内零部件厂商使用意愿,对使用国内零部件替代的产品的设备商进行一定的政策和资金扶持。

五、布局建议

通过前文对当下集成电路产业链关键技术的全景梳理,我们可以看到现阶段我国集成电路产业技术相对于国际领先水平仍处于追赶阶段,总结而言大致表现为:自主可控的技术供应链尚未建立,上游关键技术尚未突破,支撑产业自立的供应商体系尚未健全,围绕产业持续发展的生态闭环尚未形成。这需要我国在集成电路制造工艺、主要设备、核心零部件、关键材料等各层面给予精准支持并尽早布局。按照分情况(表3)和分阶段布局(表4)建议如下。

表3 分情况布局

	国家牵头攻关	支持企业牵头攻关	国家与企业协同攻关
制造工艺	我国应重视材料及器件领域的基础研究及应用基础研究,应该抓住"后摩尔时代"技术变革这个关键机遇,在材料及器件领域的基础研究及应用基础研究持续投入,实现关键技术突破	国内行业头部企业如中芯国际等加紧关键先进工艺制程攻关	支持行业领头羊企业在特色且国际前沿工艺制程方面积极探索
主要设备	大部分核心半导体制造设备进口依赖严重,经过国家几年布局,部分核心设备国产化落地效果明显,国家应加紧补齐核心设备短板,对关键设备继续立项支持	国内龙头企业如北方华创等应瞄准国际前沿设备,紧跟主流设备技术发展,加快相关专利布局,形成技术护城河	国家支持晶圆代工厂与国产设备厂商联动,开启国产设备验证线,加速国产设备打入半导体制造核心
核心零部件	关注核心设备零部件厂商的发展,上下游联动,培育国产零部件替代厂商	支持有亟须核心零部件需求,且有相关研发能力的企业进行重点攻关	对使用国内零部件替代的产品的设备商进行一定的政策和资金扶持,培育核心设备零部件的验证产业链
关键材料	国家牵头,解决长期性的工程技术问题,应用上的难点,稳定性、重复性、经验积累等问题	国内集成电路产业正处于高速发展时期,有利于包括光刻胶在内的国产半导体材料在国内晶圆厂的放量验证,相关公司应抓紧布局	支持国内半导体材料企业应与国内晶圆厂开展紧密合作,突破与国内IC制造工艺相匹配的材料工艺,绕开海外专利实现专门与国内产业技术相匹配的特色产品

表 4 分阶段布局

	短期一至三年	中期三至五年	长期五至十年
制造工艺	巩固落实先进逻辑工艺节点14nm的产能和产量，鼓励头部企业带动其他代工厂向先进逻辑工艺迈进；布局特色新型存储工艺，支持相关企业技术迭代，紧跟国际前沿	布局先进逻辑工艺10nm以下节点，完善相关工艺产业链，支持底层逻辑器件研发；布局先进特色新型存储技术，支持企业产品落地，与国际先进技术并驾齐驱	布局先进逻辑工艺5nm以下节点，支持头部企业融入国际市场，形成技术迭代的良性循环；积极布局特色工艺与主流半导体工艺融合技术
主要设备	布局半导体设备短板，将光刻机、量测设备拆分多个子系统独立攻关；已国产落地的沉积和刻蚀设备继续技术迭代，实现更先进的性能	布局光刻机、量测多个子系统的整机配置，实现产品商业化；布局推进国产核心制造设备打入国内核心半导体制造流程，实现制造设备的高国产率	布局主要难点装备的国产化验证替代，形成规模性的生产应用；布局相关高校企业协同攻关，突破核心设备核心模块的技术封锁
核心零部件	布局已有前期基础且技术门槛相对不高的核心零部件的国产化，如传动装置、密封圈、石英陶瓷件等	攻关技术难度较高的核心零部件，突破核心设备射频电源、气体流量计的国产化，推进核心零部件的国产化率	布局技术难度高，需多学科交叉融合攻关的核心零部件，如静电吸盘、超高功率激光器等
关键材料	巩固中低端产品的产业链条，鼓励产业链相关验证并使用国产材料，推动产业整体进步	布局高端关键材料，对国产光刻胶进行布局，注重基础研发投入	布局技术难度大、制造复杂的尖端关键材料，布局高纯度衬底及靶材，掌握高附加值材料的话语权

参考文献

［1］薛澜，魏少军，李燕，等. 美国《芯片与科学法》及其影响分析［J］. 国际经济评论，2022（6）：37.

［2］于燮康. 中国集成电路产业链的现状分析［J］. 集成电路应用，2017，34（9）：4.DOI：10.19339/j.issn.1674-2583.2017.09.003.

［3］朱晶."十三五"时期我国集成电路产业发展情况分析及对"十四五"展望［J］. 全球科技经济瞭望，2021，36（4）：6.

［4］李铁成，李茜楠. 全球集成电路关键材料产业发展态势与风险分析［J］. 中国集成电路，2020，29（10）：7.

［5］曲永义，李先军. 创新链赶超：中国集成电路产业的创新与发展［J］. 经济管理，2022，44（9）：22.

［6］Frank M M. High-k/metal gate innovations enabling continued CMOS scaling［C］. 2011 Proceedings of the European Solid-State Device Research Conference（ESSDERC）. IEEE，2011：25-33.

［7］Hisamoto D，Lee W C，Kedzierski J，et al. FinFET-a self-aligned double-gate MOSFET scalable to 20 nm［J］. IEEE transactions on electron devices，2000，47（12）：2320-2325.

［8］FOMENKOV I，BRANDT D，ERSHOV A，et al. Light sources for high-volume manufacturing EUV lithography：technology，performance，and power scaling［J］. Advanced Optical Technologies，2017，6（3-4）：173-186.

［9］姜迪，徐寅，陈长益，等. 基于专利分析的芯片"卡脖子"问题研究［J］. 中国科技资源导刊，2021，53（4）：8.

［10］王丹，车晓璐. EUV光刻工艺全球专利发展态势研究［J］. 中国发明与专利，2016（9）：6.DOI：

10.3969/j.issn.1672-6081.2016.09.010.

[11] 张倩. 集成电路产业的发展现状与趋势研究[J]. 集成电路应用, 2019, 36（9）：3.DOI：10.19339/j.issn.1674-2583.2019.09.001.

[12] 朱晶. 半导体零部件产业现状及对我国发展的建议[J]. 中国集成电路, 2022, 31（4）：9.

[13] 张晴晴. 北京市半导体装备产业发展现状与对策分析[J]. 集成电路应用, 2021, 38（1）：6-7.DOI：10.19339/j.issn.1674-2583.2021.01.003.

[14] Zhang Z, Cui J, Zhang J, et al. Environment friendly chemical mechanical polishing of copper[J]. Applied Surface Science, 2019（467）：5-11.

[15] 陈修国, 王才, 杨天娟, 等. 集成电路制造在线光学测量检测技术：现状，挑战与发展趋势[J]. 激光与光电子学进展, 2022, 59（9）：24.DOI：10.3788/LOP202259.0922025.

[16] 乐光启, 聂云刚. 热波检测及热波成像系统的实验研究[J]. 清华大学学报：自然科学版, 1993, 33（4）：8.DOI：CNKI：SUN：QHXB.0.1993-04-018.

[17] 肖汉平. 稳步推进高端芯片国产化进程的战略路径[J]. 国家治理, 2021, 000（26）：29-34.

[18] 王昶, 何琪, 周依芳. 高端装备国产化替代应用的主要障碍与突破路径[J]. 科技导报, 2023, 41（6）：13-20.

[19] Advanced flip chip packaging[M]. New York：Springer US, 2013.

[20] Lau J H. Recent advances and trends in advanced packaging[J]. IEEE Transactions on Components, Packaging and Manufacturing Technology, 2022, 12（2）：228-252.

[21] 王若达. 先进封装推动半导体产业新发展[J]. 中国集成电路, 2022, 31（4）：5.

[22] 孙琴, 刘戒骄. 集成电路产业"三链"融合协同发展——机理分析与实证研究[J]. 中国科技论坛, 2023（7）：63-73.DOI：10.13580/j.cnki.fstc.2023.07.023.

[23] 李金萍. 深圳集成电路产业筑链成势产业新空间建设按下"快进键"[N]. 21世纪经济报道, 2023-06-27（6）.DOI：10.28723/n.cnki.nsjbd.2023.002377.

[24] 刘建丽. "凹凸世界"背景下的关键核心技术突破路径选择——基于集成电路产业技术特质的分析[J]. 求索, 2023（3）：118-126.DOI：10.16059/j.cnki.cn43-1008/c.2023.03.014.

[25] 汪俊杰, 钟若愚. 国内外集成电路产业发展差距及启示——基于全球价值链实证分析[J]. 特区实践与理论, 2023（2）：99-107.DOI：10.19861/j.cnki.tqsjyll.20230508.002.

[26] 卢妃. 集成电路产业的发展状况与展望[J]. 集成电路应用, 2023, 40（2）：36-37.DOI：10.19339/j.issn.1674-2583.2023.02.013.

[27] 第九届全国新型半导体功率器件及应用技术研讨会暨第三代半导体产业融合创新发展（广州）论坛[J]. 微纳电子技术, 2023, 60（8）：1332.

[28] 程壹涛, 刘成群, 吴海. 离子束刻蚀技术与设备常见故障分析[J]. 电子工业专用设备, 2021, 50（5）：33-38.

[29] 李岩, 于静, 戴豪, 等. CMP工艺晶圆表面颗粒去除问题的研究[J]. 电子工业专用设备, 2023, 52（1）：28-30, 64.

[30] Kanarik K J, Osowiecki W T, Lu Y, et al. Human-machine collaboration for improving semiconductor process development[J]. Nature 616, 707-711（2023）.

[31] Liang Chang, et al. Novel semiconductor materials for advanced supercapacitors[J]. Journal of Materials Chemistry C, 2023（11）：4288-4317.

撰稿人：王新河　常晓阳　尉国栋　郑翔宇　魏家琦

专题报告

集成电路产业链研究现状及发展趋势

全球集成电路产业作为电子信息产业的心脏，承载着推动科技进步与经济发展的重任。它以高度技术密集和资本密集为特点，依托创新驱动，不断引领技术前沿。同时，该产业与众多领域深度关联，其影响力渗透到整个电子信息产业链，成为全球经济发展的关键动力。在全球化的大背景下，集成电路产业更是展现出紧密的跨国协作与联动发展态势，彰显了其作为全球化产业的鲜明特点。

一、全球集成电路产业定位及特点

作为现代电子信息技术的核心，全球集成电路产业是推动世界科技进步和经济发展的重要引擎。它不仅关乎亿万消费者的日常生活，更在国家安全、国防建设、高端制造等领域发挥着不可替代的作用。集成电路产业的特点在于其高度的技术密集性、资本密集性和知识密集性，这使得它成为一国综合实力和技术创新能力的集中体现。同时，集成电路产业也具有极强的产业关联性和产业链的全球性，它的发展不仅能带动相关产业的协同发展，还能促进全球经济的繁荣与稳定。在全球化的背景下，集成电路产业的定位已经超越了单一的经济领域，成为各国竞相争夺的战略制高点。因此，我们必须高度重视集成电路产业的发展，加强技术创新和人才培养，推动产业链的优化升级，以适应不断变化的市场需求和日益激烈的国际竞争。

（一）全球集成电路市场情况

近年来，在新冠疫情的影响和全球缺芯大背景下，集成电路企业大幅增加生产，以解决持续的高需求，导致芯片销售和单位出货量都创下了历史纪录，半导体设备以及相关原材料都有大幅增长，预计未来几年对芯片的产能将显著提升。

根据美国半导体产业协会（SIA）最新数据显示，2021年全球共售出1.15万亿颗芯片，全球半导体行业销售额达到创纪录的5559亿美元，同比增长26.2%。汽车级芯片需求增幅最大，销售额比上年增长34%，达264亿美元。按地区来看，美洲市场的销售量在2021年增长最大，为27.4%。中国仍然是最大的半导体市场，2021年的总销售额为1925亿美元，同比增长27.1%。欧洲在2021年的销售额增长27.3%，亚太地区及其他国家增长了25.9%，日本则增长了19.8%。

细分品类方面，模拟芯片年均增长率最高，达33.1%，在2021年的销售额达到740亿美元。逻辑芯片销量增长达到30.8%，销售额达到1548亿美元；内存芯片销量同比增长30.9%，销售额达到1538亿美元。

在半导体设备方面，根据国际半导体产业协会SEMI发布数据，2021年全球半导体制造设备销售额激增，相比2020年的712亿美元增长了44%，达到1026亿美元的历史新高。其中，中国大陆地区再度成为全球最大的半导体设备市场。

具体来看，2021年中国大陆市场半导体设备销售额达296.2亿美元，同比增长58%，在全球市场中占比28.9%。韩国市场销售额为249.8亿美元，同比增长55%；中国台湾地区市场销售额为249.4亿美元，同比增长45%；日本市场销售额为78亿美元，同比增长3%；北美市场销售额为76.1亿美元，同比增长17%；欧洲市场销售额为32.5亿美元，同比增长23%。世界其他地区的销售额为44.4亿美元，增长了79%。在尖端半导体制造领域领跑的三星电子和台积电提高了投资额。随着芯片3D堆叠技术的进展，后工序的工厂投资也出现增加，组装和封装设备的销售额激增87%。

分类来看，2021年全球前道设备销售额增长22%，封装设备销售额增长87%，测试设备销售额增长30%。总体来看2021制造设备支出44%的增长凸显了全球半导体产业对产能增加的积极推动，市场容量的扩大超越了当前的供应能力，半导体设备行业扩张动力十足。

在半导体材料方面，根据国际半导体产业协会（SEMI）的数据显示，2021年全球规模达到了643亿美元，较2020年的555亿美元增加88亿美元，同比增长15.9%，再创新高。其中，中国台湾地区因拥有大规模晶圆代工和封装基地，半导体材料的总营收达147亿美元，连续十二年稳居榜首。中国市场营收年增长率十分亮眼，达到21.9%，总金额为119亿美元，位居第二。韩国的营收年增长率也同样亮眼，达到15.9%，总金额为106亿美元，排名第三。

半导体材料中晶圆制造材料市场的规模为404亿美元，同比增长15.5%；封装材料市场的规模为239亿美元，同比增长16.5%。硅、湿化学品、CMP和光掩模领域在晶圆制造材料市场中增长强劲，而封装材料市场的增长主要受有机基板、引线框架和键合领域的推动。

2021年全球半导体材料市场的激增，主要源自市场对半导体产品的需求愈发强劲。随着各行各业数字化转型步伐的持续加速，电子产品也出现了史上罕见的强劲需求，这促进半导体企业不断扩大产能，提升了对材料的需求。

晶圆代工厂方面，2021年前十大晶圆代工整体营收较2020年增长了20%，整体市占率减少了1.3个百分点。2021年前十大晶圆代工公司营收排序与2020年没有变化。根据总部所在地划分，前十大晶圆代工公司中，中国大陆有两家（中芯国际、华虹集团），且占据了第四和第五的位置，2021年整体市占率为9.51%，较2020年增加0.64个百分点；中国台湾地区有五家（台积电、联电、力积电、世界先进、稳懋），整体市占率为75%，较2020年的76.7%减少1.7个百分点；美国一家（格芯），市占率为7.43%，较2020年减少0.35个百分点；以色列一家（托塔），市占率为1.71%，与2020年持平；韩国一家（东部高科），市占率为1.3%，较2020年减少0.02个百分点。

（二）全球集成电路产业特点

从全球竞争格局看，集成电路产业的头部效应较为明显，少数领军企业占据了市场的主导地位。当前，全球集成电路市场主要由美国、韩国、日本以及中国台湾地区企业所占据。

在集成电路工艺代工方面，2021年台积电市场规模再创新高，以61.3%占比稳居龙头地位。另外，台积电不断扩大在先进制程方面的营收份额，根据台积电2022年第一季度财季表现，5nm制程出货占台积电2022年第一季晶圆销售额的20%，7nm制程出货占全季晶圆销售额的30%。在集成电路设备方面，高端光刻机市场ASML一家独大，其掌握着EUV光刻机全部市场，单台EUV平均售价超过9.5亿元人民币，2021年光刻机前三大厂商（ASML、Nikon、Canon）总营收达1076亿元人民币，ASML独占80%的份额，其中EUV光刻机营收占其整体收入的48%。在全球半导体材料领域，日本半导体企业占据绝对的优势，在芯片生产过程所需的19种必要半导体材料中，日本企业有14种材料都处于行业领先。以住友化学为代表的日本企业拿下全球72%的光刻胶市场。对封装环节所需的半导体材料，日本企业垄断更为严重，如塑料板、陶瓷板、焊线以及封装材料，日本企业占据80%以上的市场份额。

集成产业链上下游耦合性越来越强，集成电路作为半导体产业的核心，由于其技术复杂性，产业结构高度专业化。随着产业规模的迅速扩张，产业竞争加剧，分工模式进一步细化。目前市场产业链分为IC设计、IC制造和IC封装测试三个大的板块。随着技术的不断发展，以Chiplet为代表的先进封装技术越来越受到关注，将IC设计、IC制造和IC封装测试的关系绑定得更为紧密，新技术的发展趋势将头部的设计企业、制造厂商，以及后端封测厂商更为紧密地耦合一起，进而为后摩尔时代的技术发展提供可能。

集成电路作为信息产业基石，对整个信息社会的方方面面具有巨大的推动作用。目前，整个信息产业如同倒金字塔形，底部每年约1600亿美元产值的半导体集成电路设备产业，支撑了每年超过5000亿美元产值的半导体芯片产业和几万亿美元的电子系统产业，最终支撑了几十万亿美元的软件、网络、电商及大数据等信息产业。虽然集成电路产业的相对体量不大，但它有成百上千倍的放大作用。半导体产业具有"一代设备、一代工艺和一代产品"的行业特点。若没有持续发展的半导体设备，就没有不断迭代的制造工艺，从而没有越来越先进的芯片，那么信息时代的繁荣则无从谈起。

二、集成电路产业链中装备情况及市场规模

全球集成电路产业链主要包括如下环节：EDA/IP、芯片设计、半导体制造设备和材料，以及制造（细分为前道晶圆制造、后道封装和测试）。

在EDA/IP细分领域，美国占主导地位（74%），而中国仅占3%；在晶圆制造方面，美国占12%，中国占16%；在封装测试市场，中国占38%，美国仅占2%，另外是日本、韩国和中国台湾地区，以及东亚国家合计占有43%。

笼统而言，芯片有三十多种，但业界一般分为三大类别：逻辑、存储、DAO（分立器件、模拟器件，以及其他类别的器件，比如光电器件和传感器）。逻辑芯片是处理"0"和"1"的数字芯片，是所有设备计算和处理的构建模块，约占整个半导体价值链的42%。逻辑芯片类别主要包括：微处理器（比如CPU、GPU和AP）、微控制器（MCU）、通用逻辑器件（比如FPGA），以及连接器件（比如Wi-Fi和蓝牙芯片）。

存储芯片用来存储数据和代码信息，主要有DRAM和NAND两大类，约占整个半导体价值链的26%。DRAM只能暂时存储数据和程序代码信息，存储容量一般比较大；NAND俗称闪存，即便掉电也可以长期保存数据和代码，手机的SD卡和电脑的SSD固态硬盘都使用这类存储芯片。

DAO占整个半导体价值链的32%。二极管和晶体管都可以是分立器件；模拟器件包括电源管理芯片、信号链和RF器件；其他类别的器件虽然占比不高，但也不可忽视（计算机和电子设备缺少一个器件就无法工作），比如传感器在新兴的物联网应用中越来越重要。

全球集成电路产业总体销售额按照应用划分如下：智能手机占26%；消费电子占10%；PC占19%；ICT基础设备占24%；工业控制占10%；汽车占10%。不同类别的芯片在不同的应用场景中占比有所不同，例如DAO在智能手机和消费电子中的价值占比约1/3，而在工业和汽车应用领域占比则高达60%。

三、全球集成电路设备发展历史及趋势展望

（一）全球概况

1965年，当Gordon Moore发表《芯片晶体管数量每隔十八个月翻倍》文章时，芯片

是在 1.25 英寸的晶圆上制造出来的。半个世纪以来，芯片制造商一直遵循摩尔定律的节奏开发和制造芯片，在这个过程中将更多功能集成到单个芯片上，从而推动了电脑、智能手机和其他电子产品的增长和普及。

从历史进程来看，全球范围完成了两次明显的半导体产业转移，目前整个行业正处于第三次转移。

第一次产业转移是美国的装配产业向日本转移。在八十年代，美国将技术、利润含量较低的封装测试部门剥离，将测试工厂转移至日本等其他地区。

第二次产业转移是日本向韩国、中国台湾地区的转移。二十世纪九十年代，由于日本的经济泡沫，难以继续支持 DRAM 技术升级和晶圆厂建设的资金需求，韩国趁机而入确立市场中的存储芯片霸主地位。同时，中国台湾地区利用 Foundry 优势逐步取代 IDM 模式。由于越来越明确的产业链分工，OSAT（封装和测试的外包）也逐渐出现。

第三次产业转移是韩国、中国台湾地区向中国大陆转移。经过 2008 年至 2012 年的低谷后，全球半导体行业规模在 2013 年开始进入复苏。由于国产化需求上升和下游消费电子设备需求的增长，中国已成为世界第一大半导体消费市场。

在第三次产业转移中，我国封装正在蓄力发展。下游需求旺盛，封装厂产能利用率保持高位，出现供不应求的情况，盈利能力明显提升。我国政府高度重视，发布了促进集成电路产业和软件产业高质量发展的政策，全面优化完善高质量发展芯片和集成电路产业的有关政策。

随着时间的推移，芯片制造商开始转向更大的晶圆尺寸，因为更大的晶圆单次流片可以切割出更多的裸片，从而可以降低单芯片成本。从 2000 年开始，芯片制造商开始从 8 英寸晶圆升级到现在的 12 英寸晶圆。最初，建造 8 英寸晶圆厂的成本约为 7 亿至 13 亿美元，而建造 12 英寸晶圆厂的成本约为 20 亿美元。与此同时，以台积电为首的晶圆代工厂模式开始引起业界的重视，他们不设计和销售自己的芯片，而专门为外部客户提供芯片制造服务。许多芯片制造商不再能够和愿意负担开发新工艺和建造先进晶圆厂的费用，于是选择了 fab-lite 模式，即将部分芯片制造外包给晶圆代工厂商。而高通、英伟达和赛灵思等 Fabless 设计公司则乘着代工的东风而起飞，成长为比 IDM 厂商更有竞争力的芯片供应商。

而随着代工的兴起，晶圆制造开始从美国和欧洲向亚洲转移。根据 SIA 和 BCG 的报告统计，中国台湾地区现已成为全球晶圆制造产能的领导者，2020 年占有 22% 的份额，其次是韩国（21%）、日本（15%）、中国大陆（15%）、美国（12%）和欧洲（9%）。

另外，半导体 IDM 企业和无晶圆厂企业分析来看，美国半导体企业 IDM、无晶圆厂的半导体总销售额仍处于全球领先位置。

2021 年，美国公司占据了全球半导体市场销售总额（IDM 和无晶圆厂销售额的总和）的 54%，其次是韩国公司占据 22% 的份额。我国台湾地区半导体公司凭借其无晶圆厂的良好表现占全球半导体销售额的9%，而欧洲和日本均为6%（中国台湾地区公司在IC行业市场份额于2020年首次超过欧洲公司）。中国大陆公司仅占全球IC销售的4%。如果对这4%的销售份额进一步细分，中国大陆的芯片设计企业（无晶圆厂）市场销售份额占比为9%，IDM低于1%。

韩国和日本公司在无晶圆厂IC领域极其薄弱，中国公司在IC市场的IDM部分的份额也非常低。总体而言，总部设在美国的公司在IDM、无晶圆厂在整体IC行业市场份额方面表现出了巨大优势。

日本公司在1990年占据了全球IC市场份额的近一半，但在过去三十年里，这一份额急剧下降，到2021年仅为6%。虽然欧洲公司的市场份额下降幅度没有日本公司那么大，但2021年欧洲公司在全球IC市场的份额也只有6%，低于1990年的9%。

与过去三十年日本和欧洲企业的IC市场份额下滑形成对比的是，美国和亚洲的IC供应商的市场份额自1990年以来一直在攀升。亚洲公司在全球IC市场的份额从1990年微不足道的4%上升到2021年的34%。

（二）中国大陆和美国半导体产业链的对比研究

1. 中美半导体产业链及设备实力对比

从半导体器件的应用市场来看，美国和中国各自约占全球半导体消耗量的1/4，无论作为半导体消费者还是创造者，都有着举足轻重的分量。以下从基础研究、EDA/IP、芯片设计、晶圆制造、制造设备和材料、封装测试这六个方面对中国大陆（不包括中国台湾地区）和美国的半导体产业链实力做全方位对比。

（1）基础研究方面

半导体基础研究主要是半导体基础材料和化学工艺的研究，是半导体器件的设计和制造实现技术突破和商用化的原动力。一项研究成果大约需要十到十五年的时间才能达到商业化阶段，例如，极紫外（extreme ultra-violet，EUV）光刻技术从最初的概念到进入晶圆厂实施阶段花了将近四十年。虽然没有具体的数据统计，但基础研究一般约占半导体总研发投入的15%~20%。比如，美国多年来一直保持在16%~19%的水平。

2018年美国半导体整体研发投入为5800亿美元，其中基础研究占17%；应用研究占20%；产品开发占63%。从资金来源看，基础研究的42%来自联邦政府，来自企业的资金占29%，来自大学和其他非营利机构的资金占29%。政府资助的研究经费虽然整体占比不高，但取得的技术突破却对半导体产业发展有着重大影响。例如，美国国防部于二十世纪八十年代末资助的微波和毫米波集成电路（MIMIC）项目研发出了砷化镓（GaAs）晶体管，基于这种材料和结构的射频器件让今天的通信设备与蜂窝通信塔的无线连接成为可能。

过去四十年来，美国企业界在半导体研发上的投入占GDP的比例增长了约十倍，而政府在半导体领域的投资金额一直没有增长。

根据经济合作与发展组织（OECD）的数据，2018年中国的整体研发投入全球排名第二，仅比美国低5%，但是投入基础研究的费用只占5%~6%，投入到半导体领域的基础研究则更低。中国新的五年计划将基础研究列为重点投入领域，半导体也将作为重中之重得到较为充裕的资源投入。

（2）EDA/IP

EDA和IP虽然在全球半导体供应链中占比很小，但在价值链上却举足轻重，可谓半导体皇冠上的明珠。EDA三巨头（新思科技、Cadence，以及被西门子收购的Mentor）都是美国公司，他们同时也开发和提供各种IP。根据SIA和BCG的报告统计，美国在EDA/IP领域占据74%的份额，而中国只有3%。中国EDA行业虽然有华大九天、概伦电子，以及新兴的EDA初创公司，但整体实力跟美国还相距甚远。在IP方面，只有沈阳芯源和Imagination（中资背景的英国公司）在全球市场占据一定的份额。

（3）芯片设计

芯片设计是典型的智力密集型产业，全球芯片设计的研发投入占整个半导体研发的53%，是最大的一块。Fabless设计公司的R&D投入一般占其营收的12%~20%，有的先进工艺系统级芯片的研发占比更高。在逻辑芯片设计市场，美国占67%，而中国占比几乎为零。在存储器方面，美国占29%，中国占7%，长江存储、武汉新芯和合肥长鑫等存储器厂商的崛起增加了中国在这一领域的份额。在DAO方面，美国占37%，中国占7%。美国的TI和ADI长期占据全球模拟芯片市场龙头地位，短期内中国或者其他国家都难以撼动。中国在电源管理器件方面的竞争力逐渐增强，模拟领域也有圣邦微和思瑞浦等公司的兴起，但整体营收和技术实力还不能跟美国相提并论。

（4）晶圆制造

晶圆制造环节在研发方面占整个半导体产业的13%，但资本投入却占据了64%，是典型的资本密集型产业。根据芯片产品的复杂度不同，晶圆制造过程会涉及400~1400个工艺步骤。台积电和三星新建的5nm工艺晶圆厂总投资接近200亿美元，这么巨额的投资令很多国家和企业望而却步。像台积电和三星这样的最先进工艺晶圆代工厂商，其每年的资本开支要占营收的30%~40%。7nm工艺及更先进的晶圆厂100%都在东亚，都掌握在台积电和三星手中。

从目前的整体制造产能来看，美国占全球的12%，中国则占16%。据SIA统计和预测，美国在1990年的晶圆制造产能占全球的37%，现在已经下滑到12%。如果继续按这样发展下去，到2030年美国的半导体制造能力将只有全球总产能的10%。而同期中国则一路上升，从1990年接近零到2000年的3%，再到现今的16%，到2030年预期将达到24%。但近一两年，美国政府开始拨款大力支持美国公司和外国企业在美国本土建造晶圆厂。同时，美国通过技术出口限制等手段遏制中国在晶圆制造方面的增长，特别是14nm

以下工艺的生产。

（5）制造设备和材料

半导体制造过程会使用超过五十种不同类型的复杂晶圆处理和测试设备。光刻工具代表了晶圆厂商最大的资本支出之一，确定了晶圆厂可以生产的芯片先进程度。先进的光刻设备，特别是采用极紫外线（EUV）技术的设备，是生产 7nm 及以下工艺芯片所必需的，一台 EUV 机器的售价就高达 1.5 亿美元。开发和制造这种先进的高精度制造设备需要在研发方面进行大量投资。半导体设备制造商通常将其营收的 10%～15% 用于技术和产品研发。半导体设备制造商的整体研发投入水平为 9%，在整个半导体产业的价值占 11%。

在半导体制造设备领域，美国占 41%，以 LAM（泛林半导体）、AMAT（应用材料）和 KLA（科磊半导体）为代表。而中国仅占 5%，以中微半导体和北方华创为代表。中国最大的晶圆代工厂商中芯国际在购买 ASML EUV 光刻机等方面一直受到美国政府阻挠，致使中国 14nm 以下先进工艺的研发和生产一直滞后。

此外，半导体制造也依赖专门的材料来加工和处理晶圆。半导体制造过程涉及多达 300 种不同的材料，其中许多都需要先进的技术和设备来生产。例如，用于制作晶圆片的多晶硅锭的纯度必须达到太阳能面板的 1000 倍。全球 300 毫米硅片主要由五家供应商提供，主要来自日本、韩国、德国和中国台湾地区。中国大陆只有上海新昇半导体一家可以提供。在全球半导体制造材料市场，美国占 11%，中国占 13%。

（6）封装测试

封装测试属于芯片制造的后道工序，主要是将晶圆厂完成的晶圆片切割成裸片，并进行封装和测试，最后输出芯片成品给芯片设计公司。封测厂商也需要投资大量的专用设备，一般占其营收的 15%。虽然后道工厂的资本和研发投入不比前道晶圆厂大，但先进的封装工艺也需要先进的设备和工艺支持，比如可以集成多个裸片的系统级封装（SiP）工艺。

封装和测试工厂主要集中在中国，东南亚也有一些新的封测工厂设施。在这一领域，中国占 38%，美国只有 2%。

2. 美国半导体制造及先进装备振兴计划

据《电子工程专辑》分析师团队统计，美国本土的晶圆厂目前有 94 座，主要分布在德州奥斯汀和达拉斯、俄勒冈州、亚利桑那州、新墨西哥州、加利弗尼亚州、马萨诸塞州和纽约州。拥有晶圆厂的美国公司包括英特尔、TI、ADI、安森美、格芯、美光、Microship、Qorvo 和 Skyworks 等。此外，台积电、三星、NXP、英飞凌、瑞萨、罗姆和积塔半导体等国际厂商也在美国运营各自的晶圆厂。

然而，美国的半导体领头羊英特尔和格芯在先进工艺的竞赛中已经明显落后台积电和三星。再加上最近几年中国半导体的崛起，让美国政府感受到了巨大压力。最近，美国国会通过 520 亿美元的半导体补贴提案，将在五年内大幅推动美国半导体的生产和研发。该提案包括 390 亿美元的半导体生产和研发资金，以及 105 亿美元的项目实施资金，主要用于国家半导体技术中心、国家先进封装制造项目和其他研发项目。

美国政府的专项资金预计将撬动总计 1500 亿美元的政府、企业和风投资本进入美国半导体行业。最近英特尔、台积电和三星都宣布在美国本土新建先进工艺晶圆厂的计划。

3. 中国半导体产业及高端装备发展规划

中国政府从二十世纪八十年代开始，推出了一系列支持半导体产业发展的政策，包括 908 工程、909 工程、国发 18 号文、国家重大 01 专项、02 专项、《国家集成电路产业发展推进纲要》、"十三五"规划，以及成立国家集成电路一、二期大基金等。"十四五"规划对半导体产业的支持主要体现在如下几个方面。

一是先进制程。加快先进制程的发展速度，推进 14nm、7nm 甚至更先进制造工艺实现规模化量产。目前国内在先进制程上还处于追赶状态，强大的市场需求和资本推动会促进中国本土晶圆制造厂商的工艺稳步推进。中国本土晶圆厂商有中芯国际、华润微电子、华虹半导体等专业晶圆代工厂商，以及士兰微、武汉长存和合肥长鑫等 IDM 厂商。此外，国际厂商在中国本土也有不少晶圆厂，比如英特尔、英飞凌等。而近几年台积电（南京）、三星（西安）和 SK 海力士（无锡）也纷纷兴建先进的晶圆厂，从而带动了国内相关技术人才、设备材料等配套的完善。

二是高端 IC 设计和先进封装。"十四五"规划将会针对存储芯片、嵌入式 MPU、DSP、AP 领域、模拟芯片和高端功率器件进行重点支持和引导，并致力于解决这几个关键领域的问题。另外，逻辑芯片的先进封装和功率器件的封装将是发力的重点。

三是关键设备和材料。在半导体专用设备市场，国际巨头的市场占有率很高，特别是在光刻机、检测设备、离子注入设备等方面处于垄断地位，且其在大部分技术领域已采取了知识产权保护措施，因此半导体专用设备行业的技术壁垒非常高。目前国内收入体量最大的半导体设备公司北方华创占全球设备份额也不足 1%，国产化迫切；光刻胶 95% 以上的市场也都掌握在海外厂商手中。"十四五"规划将会针对一些关键"卡脖子"设备和材料进行专项扶持，比如光刻机、大硅片、光刻胶等。

四是第三代半导体。国内外 SiC 产业链主要包括上游的 SiC 晶片和外延、中间的功率器件制造（包含传统的 IC 设计、制造、封装三个环节），下游工控、新能源车、光伏风电等应用。目前上游的晶片基本被 CREE 和 II-VI 等美国厂商垄断。国内方面，SiC 晶片商山东天岳和天科合达已经能供应 2~6 英寸的单晶衬底；SiC 外延片有厦门瀚天天成与东莞天域可生产 2~6 英寸 SiC 外延片。第三代半导体国内外差距相对较小，且国内产业链从上游到下游都已经涌现出很多优秀的公司，第三代半导体写入"十四五"规划，预期这一领域的国产厂商未来五年会是一个蓬勃发展的状态。

参考文献

[1] 孙琴，刘戒骄，胡贝贝. 中国集成电路产业链与创新链融合发展研究[J]. 科学学研究，2023，41（7）：1223-1233.

[2] 黄德春，袁启刚. 新型举国体制下我国集成电路产业创新发展新模式研究[J]. 江苏社会科学，2022（3）：10.

[3] 张红，孙艳艳，苗润莲，等. 京津冀集成电路产业协同创新发展路径研究[J]. 中国科技论坛，2022（7）：129-139.

[4] 张越，余江，刘宇，等. 我国集成电路产业政策协同演变及其有效性研究[J]. 科研管理，2023，44（7）：21-31.

[5] 杨雅雯，郭本海，王丹丹. 中国集成电路产业技术创新路径优化[J]. 科学学研究，2023，41（2）：16.

[6] Burgess M. The global semiconductor landscape[J]. Gasworld: Incorporating CryoGas International, 2023（8）：61.

[7] Whetsell T A. Technology Policy and Complex Strategic Alliance Networks in the Global Semiconductor Industry: An Analysis of the Effects of Policy Implementation on Cooperative R&D Contract Networks, Industry Recovery, and Firm Performance[D]. The Ohio State University. 2017.

[8] Cuixiao F U, Liping Q. Analysis on Global Competitive Landscape and Competitive Situation of Integrated Circuit Equipment Industry in China[J]. World Sci-Tech R & D, 2017.

[9] Semiconductor Inspection System Market 2018: Sales Revenue, Global Overview, Business Growth, Key Players Analysis, Future Trends, Competitive Landscape and Industry Expansion Strategies by 2022[J]. M2 Presswire, 2018.

[10] Semiconductor Manufacturing Equipment Market Share, Global Analysis, Opportunities, Competitive Landscape and Industry Poised for Rapid Growth by 2023[J]. M2 Presswire, 2018.

[11] 王莹. Gartner对2021年国内外芯片制造市场的趋势分析[J]. 电子产品世界，2021，28（8）：3-9，94.

[12] 迎九. 2020年全球半导体市场的趋势展望[J]. 电子产品世界，2020，27（10）：6-10.

[13] 李洋. 半导体上市公司跨国并购动因与绩效研究[D]. 西南财经大学，2022. DOI: 10.27412/d.cnki.gxncu.2022.003305.

[14] 唐新华. 美国加快构建"芯片四方联盟"[J]. 世界知识，2022（19）：66-67.

[15] 赵晋荣，韦刚，侯珏，等. 集成电路核心工艺装备技术的现状与展望[J]. 前瞻科技，2022，1（03）：61-72.

[16] 微微. 韩国发布《半导体超级强国战略》[J]. 检察风云，2022（18）：58-59.

[17] 秦琳. 美国对华半导体竞争战略探析[J]. 当代美国评论，2022，6（3）：63-86，128.

[18] 张大为. 半导体芯片老化测试座的应用及市场综述[J]. 电子测试，2019（17）：87-89.

[19] Raj R L, Anurodh D, Sudhan M B. Navigating Global Challenges: The Crucial Role of Semiconductors in Advancing Globalization[J]. Journal of The Institution of Engineers（India）: Series B, 2023, 104（6）：1389-1399.

[20] Chung W H Y. Explaining Geographic Shifts of Chip Making toward East Asia and Market Dynamics in Semiconductor Global Production Networks[J]. Economic Geography, 2022, 98（3）：272-298.

[21] Global Semiconductor Materials Market Revenue Tops $64 Billion in 2021 to Set New Record, SEMI Reports[J]. M2 Presswire, 2022.
[22] 许子皓. 中国半导体市场年会：发掘新需求 发展"芯"动能[N]. 中国电子报, 2022-12-27（004）. DOI：10.28065/n.cnki.ncdzb.2022.001582.
[23] 吴泽林, 尚修丞. 美国重塑半导体产业链的逻辑[J]. 和平与发展, 2022（6）：71-93, 155-156, 159-160.
[24] 陈炳欣. Gartner：2023年全球半导体收入预计下降3.6%[N]. 中国电子报, 2022-12-13（008）. DOI：10.28065/n.cnki.ncdzb.2022.001571.
[25] 徐博, 王蕾. 日本半导体产业链升级的再思考——三个关键、二元悖论与政治工具[J]. 日本学刊, 2022（6）：104-124, 151.
[26] 孟伟. 发展中国主导的新型全球半导体供应链[J]. 经济导刊, 2022, (12)：74-77.
[27] 孙雪松. 中美科技关系下中国半导体产业投资发展策略研究[D]. 中南民族大学, 2022. DOI：10.27710/d.cnki.gznmc.2022.000679.
[28] 田毅. 半导体行业研发投入对企业价值的影响研究[D]. 上海财经大学, 2022.
[29] 于潇宇. 借鉴全球经验中国半导体产业应把握换道机会[J]. 中国经贸导刊, 2022（10）：81-83.
[30] 薛澜, 魏少军, 李燕, 等. 美国《芯片与科学法》及其影响分析[J]. 国际经济评论, 2022（6）：9-44, 4.
[31] 徐丰, 叶雪琰, 王若达. 美国高技术产业补贴政策体系探析——以半导体产业为例[J]. 美国研究, 2022, 36（5）：86-116, 7.
[32] 磨惟伟. 韩国半导体产业发展情况分析及相关启示[J]. 中国信息安全, 2022（10）：93-98.
[33] 于潇宇. 后摩尔时代中国半导体产业创新战略研究——后发经济体典型赶超路径的经验启示[J]. 中国科技论坛, 2022（10）：42-51. DOI：10.13580/j.cnki.fstc.2022.10.013.

撰稿人：常晓阳

先进装备与工艺发展现状和分析

半导体行业素来有"一代设备,一代工艺"的特征,半导体产品制造要超前电子系统开发新一代工艺,而半导体设备要超前半导体产品制造开发新一代装备。因此,半导体设备行业是半导体芯片制造的基石,擎起了整个现代电子信息产业,是半导体行业的基础和核心。

一、集成电路先进制造装备

(一)光刻设备

我国在高端芯片方面缺乏话语权,在制造环节中,先进制程工艺是难题。根据中芯国际官方网站介绍,14nmFinFET 工艺于 2019 年第四季度进入量产,代表着在中国大陆最先进的制程水平。2021 年 4 月,台积电 3nm 工艺芯片已经进入试产,远远领先于大陆水平。我国的芯片产业发展与世界存在差距,而在高端芯片的制造设备上差距更为明显,其中高端芯片的制造中光刻机为最核心的设备。

光刻机作为前道工艺七大设备(光刻机、刻蚀机、镀膜设备、量测设备、清洗机、离子注入机、其他设备)之首,是所有半导体制造设备中技术含量最高的设备,因此也具备极高的单台价值量,在制造设备投资额中,单项占比高达23%,其中 EUV 光刻机更是未来先进制程(5nm 以下)的关键核心设备。光刻机涉及系统集成、精密光学、精密运动、精密物料传输、高精度微环境控制等多项先进技术,零部件多达三十余万种。因此光刻机是人类文明的智慧结晶,被誉为"半导体工业皇冠上的明珠"。

目前全球前道光刻机被 ASML、尼康、佳能完全垄断,占比高达99%。在当前局势下,实现光刻机的国产替代势在必行,具有重大战略意义。目前我国在低端光刻设备国产化进程上取得了一定的成果,而尖端光刻技术,如浸没式 DUV、EUV 光刻机,被荷兰 ASML

公司一家垄断。我国02专项布局的光刻机项目中，193nmArF浸没式DUV光刻机的研发也是困难重重，虽然样机已经验收通过，实现从无到有的突破，但迟迟没有交付可进入产线的量产装备。因此，我国光刻机产业发展依然任重而道远。

1. 光刻机概述

（1）光刻原理及光刻机系统

光刻工艺定义了半导体器件的尺寸，是芯片生产流程中最复杂、最关键的步骤。光刻机是光刻工艺的核心设备，也是所有半导体制造设备中技术含量最高的设备，集合了数学、光学、流体力学、高分子物理与化学、表面物理与化学、精密仪器、机械、自动化、软件、图像识别领域等多项顶尖技术。光刻的工艺水平直接决定芯片的制程和性能水平。

光刻设备是一种投影曝光系统，由光源、光学镜片、对准系统等部件组合而成。在半导体制造过程中，光刻设备会投射光束，穿过带有图形的光掩模板及光学镜组，将图形化信息曝光在带有光感涂层的硅晶圆上。通过刻蚀曝光或未曝光的部分来形成沟槽，再进行沉积、刻蚀、掺杂等工艺，构建出不同材质的半导体线路。经过重复工艺数十次甚至上百次，将数十亿计的晶体管建构在硅晶圆上，形成集成电路。

随着半导体制程的不断缩小，光刻设备便需要越精密复杂，包括高频率的光源、光掩模版的对准精度、设备稳定度等，集合了许多领域的最尖端技术。一台完整的光刻机包含超过十万个零部件，这些零部件按照功能组成若干个关键组件；根据光刻工艺过程，可以将光刻设备分为若干软硬件协同的工作系统；光刻机中还有若干关键的耗材；最后还可按产业链条分为上游光刻机设备，中游设计与整机与下游后端市场。

（2）极紫外（EUV）光刻机技术难点梳理

早在1997年，在美国政府一手干预下，日本光刻技术龙头企业被EUV LLC排挤在外，就已经注定了如今光刻机市场一家独大的格局。当年为了尝试突破193nm光源瓶颈，英特尔更倾向于激进的EUV方案，于是早在1997年，就组织构建了一个叫EUV LLC的联盟。联盟中的名字每个都为大家所熟知，除了英特尔和美国能源部牵头以外，还有摩托罗拉、AMD、IBM，以及能源部下属的劳伦斯利弗莫尔国家实验室、桑迪亚国家实验室和劳伦斯伯克利实验室三大国家实验室。这些实验室都是美国科技发展的幕后英雄，其研究成果覆盖物理、化学、制造业、半导体产业的各种前沿方向。

EUV光刻机几乎逼近物理学、材料学以及精密制造的极限。EUV光刻机对光源功率要求极高，由于环境和绝大部分材料都对极紫外光具有很强的吸收性，因此必须采用布拉格反射镜保证极紫外光的传输。设备还对真空环境要求极为苛刻，而且设备中所配套的抗蚀剂和防护膜的良品率也不高。种种极高的制造门槛，即使是美国想要凭一己之力自主突破这些技术也是痴人说梦。

由于美国光刻机制造厂商在二十世纪八十年代被日本厂商压制的七零八落，迫使美国EUV LLC联盟不得不选择了荷兰阿斯麦（ASML）公司作为合作企业，而当时作为光刻机厂商的新星，ASML 公司也是签订了保证 55% 的零部件从美国供应商采购以及定期审查的不平等合约换来了自身的发展。六年间，EUV LLC 联盟的研发人员发表了数百篇论文，大幅推进了 EUV 技术的研究进展，ASML 作为联盟之一，也有机会分得一杯羹。另外，收购也是美国送给 ASML 的一份大礼，美国 Cymer 公司成功研制出了可商用的大功率 EUV 光源，最后被 ASML 高价并购。因此，荷兰 ASML 的崛起，完全可以说是美国一手操控的，这也是为什么美国可以阻止 ASML 公司向中国出口光刻机的原因。

ASML 的成功不仅仅是抓住了技术变革的窗口期，更是充分利用全球产业资源的结果。EUV 光刻机中含八千个核心零部件，其中仅有十分之一是 ASML 公司提供，其余均来自产业链企业，ASML 的全球供应商超过五百家，最核心的顶级光源（激光系统）、高精度的镜头（物镜系统）和精密仪器制造技术（工作台）三大部件和系统，均由德国和美国公司提供。

由此可以看出，EUV 光刻机是以美国为首的西方高端制造业集大成之作，发挥了全产业链的优势力量，长时间完成的攻关，其中的技术难度可想而知。光刻机核心零部件技术难点有以下几个方面。

第一，核心光源。

光源是高端光刻机的一种核心部件，光源的波长决定了光刻机的工艺能力。光刻机需要体积小、功率高而稳定的光源。如 EUV 光刻机所采用的波长 13.5nm 的极紫外光，光学系统极为复杂。EUV 光源由光的产生、光的收集、光谱的纯化与均匀化三大单元组成。相关的工作元器件主要包括大功率 CO_2 激光器、多层涂层镜、负载、光收集器、掩膜版、投影光学系（Xe 或 Sn）形成等离子体，等离子利用多层膜反射镜多次反射净化能谱，获得 13.5nm 的 EUV 光。

EUV 光源采用大功率 CO_2 激光器，一般采用德国 TRUMPF（原美国大通激光）或者三菱电机（Mitsubishi Electronic）研制的激光。极紫外光的波长为 13.5nm，其产生过程是将高功率的二氧化碳激光以每秒 50000 次的频率打在直径为 30μm 的锡液滴上，通过第一个高功率激光脉冲使锡滴受热膨胀，扩展其面积，使其可以更好地被激发。紧接着第二个高能激光脉冲蒸发面积扩展后的锡滴，然后将蒸汽加热到电子脱落的临界温度，留下离子，再进一步加热直到离子开始发射光子。

由于采用激光等离子体（LPP）光源技术，被高温蒸发的锡滴在腔内向四周辐射等离子体。这些等离子体需要被收集反射到同一焦点才能形成功率足够的可用光源。由于极紫外的极短波段具有特殊性，十分容易被几乎所有材料吸收，连空气都无法穿透，因此只能采用反射镜对极紫外光进行收集和修正。收集镜还需要特殊的镀膜技术才可以更好地反射极紫外光使其汇聚，并且腔体还要保持高真空、低湿度的苛刻条件。可见，EUV 的收集难度极大，转化效率也很低，这也是 EUV 光刻机耗电的原因之一。

高性能激光器里面出来的光已经是很纯的了，一般不需要再过滤。但对于光刻来说，不仅需要很纯的光,还需要均匀的光,这样投射到晶圆上不会造成各个地方的显影不一致。ASML采用的是一种叫quad-rod的玻璃长方体,光在里面反射很多次,最后出来的光就被均匀化了。有了均匀的光,下一步就需要进行对曝光区域进行筛选,这时候用于挡光的器件REMA就派上用场。该器件是由上下左右四块挡片组成,用马达带动,需要多大的区域只要让马达带动挡片,把不要的光遮住,这样就可以对曝光区域进行选择。其难点主要在于精度与光源同步控制上,要实现精准的区域曝光,需要可靠、精确的位移控制软件。

第二,光学系统。

高端光刻机含有上万个零部件,而光学镜片则是核心部件。高数值孔径的镜头决定了光刻机的分辨率以及套值误差能力,重要性不言而喻。由于极紫外光的极短波长,极其容易被几乎所有材料吸收,因此不能采用传统透射式镜头进行透射、聚焦等光学操作,需要使用反射镜来代替透镜;普通打磨镜面的反射率还不够高,必须使用布拉格反射器(bragg reflector),它是复式镜面设计,可以将多层的反射集中成单一反射。这台机器最终需要十一个镜子来反射EUV光并将其聚焦在芯片上。由于目标是曝光以纳米为单位的芯片组件,因此每个镜子都必须非常光滑,其平整性精度以皮米计(万亿分之一米),因为最微小的缺陷会使EUV光子误入歧途。同时,EUV也会被普通镀膜的反射镜吸收大部分能量,因此必须以硅与钼制成的特殊镀膜反射镜,来修正光的前进方向。而且每一次反射仍会损失30%的能量,但一台EUV机台得经过十几面反射镜,将光从光源一路传导到晶圆,最后大概只能剩下不到2%的能量进行曝光。此外,气体也会吸收EUV并影响折射率,所以腔体内必须采用真空系统。因此EUV光刻机周围围满了分子泵,以30000RPM的速度旋转并逐个排出单个气体分子。

第三,双工作台与掩膜板。

荷兰ASML早在DUV光刻机中就创新性地设计了双工作台系统,一边光刻,一边实现良率检测,大大提升了晶圆制造效率。由于晶体管尺寸在不断缩小,因此EUV双工台对精度和稳定性要求就更加苛刻。同样地,掩膜板需要精准、稳定地配合搭载晶圆的工作台进行移动。它将携带制造微芯片所需的图案,当用极紫外(EUV)光照射它时,它会来回摆动,照亮芯片图案的不同部分。其速度比战斗机还要快,拥有加速能力达到地球重力加速度32倍的电机,任何一点的松动都会令整个系统飞散。更重要的是,设备必须停在一个纳米大小的点上,因此想要精准控制和同步双工作台与掩膜板协同作业,不仅电机要足够强大,精密数控软件也是一大难点。

第四,光刻机及光刻软件。

任何一台设备运转起来都离不开软件的控制,在尖端设备上,软件的精准控制更是至关重要的部分。EUV光刻机的软件部分可以分为控制软件和检测软件。控制软件主要是对整体系统运转的控制,比如光源、掩膜板、双工作台、内部环境等。除了每个子系统需要软件控制外，系统间的互连与协作更是需要软件的支持。由于光刻机整机系统繁杂，因此系统控制软件也十分复杂，互连起来的更是挑战。检测软件主要就是晶圆检测软件，双工作台工作时，一边进行光刻操作，一边进行晶圆的检测，以提高晶圆制造的效率。检测设备一般是采用扫描电子显微镜配合检测软件，对晶圆的缺陷进行标定。

在光刻机软硬件不变的情况下，采用数学模型和软件算法对照明模式、掩模图形与工艺参数等进行优化，可有效提高光刻分辨率/增大工艺窗口，此类技术即计算光刻技术，更被认为是二十一世纪推动集成电路芯片按照摩尔定律继续发展的新动力。计算光刻通常包括光学邻近效应修正（OPC）、光源-掩膜协同优化技术（SMO）、多重图形技术（MPT）、反演光刻技术（ILT）四大技术。随着线宽不断微缩，计算光刻软件的需求日益增加。计算光刻技术包含了大量的数学、物理建模过程，是十分依赖基础科学的技术，是公认的技术难点。而且计算光刻的数据库建立也是基于大量光刻实践经验，因此国际大厂对计算光刻软件的垄断十分严重，技术、经验壁垒非常高。

（3）光刻机发展历程

光刻机最初从美国发展起来。1959年，仙童半导体就研制出全球首台步进重复相机，使用光刻技术在单个晶圆片上制造了许多相同的硅晶体管。六十年代末，日本尼康和佳能进军光刻机领域并逐步崛起，但七十年代主要还是美国公司的竞逐。七十年代，GCA开发出第一台分布重复投影曝光机，集成电路图形线宽从1.5μm缩小到0.5μm节点。八十年代，美国SVGL公司开发出第一代步进扫描投影曝光机，集成电路图形线宽从0.5μm缩小到0.35μm节点。八十年代日本尼康推出首台商用Stepper NSR-1010G，随后尼康一度占据光刻机过半市场份额，佳能也在市场上占有一席之地。1984年，飞利浦与ASMI合资成立ASML，ASML独立于飞利浦光刻设备研发小组，该小组在1973年就推出其新型光刻设备。八十年代初至九十年代末，美国第一代光刻机公司逐步衰落，日本尼康占光刻机市场的主导地位。同时，ASML亦在逐步发展。九十年代，佳能着手300mm晶圆曝光机，推出EX3L和5L步进机；ASML推出FPA2500，193nm波长步进扫描曝光机。光学光刻分辨率到达70nm。

到了二十一世纪，在2004年前，尼康一直稳坐光刻机市场第一的位置。然而这一局面随着台积电2002年提出以水作为介质的193nm浸没式光刻技术悄然发生改变。当时该技术没有得到尼康、佳能等主流光刻机厂商的支持，处于发展瓶颈期的ASML主动提出与台积电合作，并于2004年推出了浸没式光刻机，该产品凭借优良的性价比仅五年就让ASML的市场份额提高到50%，彻底颠覆了光刻机市场格局。ASML公司的强势崛起，成功力压日本尼康、佳能公司成为全球光刻机市场的新霸主。

我国的光刻机发展起源于二十世纪七十年代。随着半导体行业的兴起，我国于1977年成功研发第一台光刻机，1978年至1985年先后成功研制三台光刻机，当时的半导体产业虽然没有达到世界先进水平，但是差距并不大。八十年代末，由于中国信奉"造不如买"的发展理念，导致中国半导体行业停滞不前，成为我国工业现代化进程的一块短板。直到 2002 年，国家开始重视光刻机的研发。经过国家重点项目布局，目前国内整机厂商中处于技术领先的上海微电子装备有限公司已量产的光刻机中性能最好光刻机达 90nm 制程，但与国外高端光刻机制程差距还是很大。光刻机技术的巨大差距使得国内晶圆厂需耗巨资购买光刻设备，也对中国集成电路产业发展、技术进步形成阻碍。ASML 出售中国的光刻机有保留条款，禁止给中国自主 CPU 代工，科研及国防领域的芯片被限制为小批量生产。中国发展光刻机技术、实现关键技术突破势在必行。

目前全球范围里，光刻机制造商共有五家，分别是荷兰的 ASML、日本的 Nikon、日本的 Canon、美国的 Ultratech 和我国的 SEMM。

2. 光刻机国际市场与产业链

（1）光刻机的全球市场空间

从全球晶圆厂反观光刻机市场，2021 年是全球晶圆厂设备支出的标志性一年，增长率为 24%，达到创纪录的 677 亿美元，比先前预测的 657 亿美元高出 10% 的增长率，所有产品领域都有望实现稳定增长。存储器工厂以 300 亿美元的设备支出领先全球半导体领域；其次是领先的逻辑和代工厂，以 290 亿美元的投资排名第二。从产业趋势来看，存储器厂成为投资主力，基于存储芯片龙头三星、海力士及美光 2021 年二季度数据，服务器云计算、5G 基础建设将会带动相关芯片需求增长。

受益于下游需求旺盛，光刻设备有望量价齐升带动市场空间不断增长。在光刻机需求量方面，晶圆尺寸变大和制程缩小将使产线所需的设备数量加大，12 英寸晶圆产线中所需的光刻机数量相较于 8 英寸晶圆产线将进一步上升。2022 年随着半导体产线得到持续扩产，光刻机需求进一步加大。在光刻机价格方面，随着芯片制程的不断升级，IC 前道光刻机制造日益复杂，其价格不断攀升。先进制程发展使得晶体管成本降低，但是光刻机价格不断增高。目前 7nm EUV 光刻机平均每台价格达到了 1.2 亿欧元。

（2）光刻机的全球市场格局

目前光刻机行业是一个高度垄断的行业，行业壁垒较高，全球前道制造光刻机市场长期由 ASML、尼康和佳能三家把持，三家公司占据了 99% 的市场份额，其中 ASML 光刻机市场份额常年在 60% 以上，市场地位极其稳固。如果没有特别原因，这一格局在未来的时间里都很难发生变化。

顶级光刻机市场 ASML 一家独大，成为唯一的一线供应商。2021 年的光刻机高端市场中，EUV 方面 ASML 市占率 100%，2021 年 EUV 光刻机出货量 45 台，但依然供不应求。从 EUV、ArFi、ArF 机型的出货来看，2019 全年共出货 154 台，其中 ASML 出货 130 台，在高端市场占有 84% 的份额。总结 ASML 的崛起之路：在全球维度，通过并购、入股获取光刻机各项关键子系统的尖端技术，不断布局光刻机领域关键技术，同时加强与三星、英特尔和台积电等世界顶级芯片制造商的合作，贯通上游产业链，再进行整机集成。

ASML不断投入巨额研发费用，集合美国、欧洲科研力量，掌握了EUV光刻机的核心技术，从而奠定了在高端光刻机的龙头地位。

Nikon高开低走，但凭借多年技术积累，勉强保住二线供应商地位，在高端光刻机市场仍有一席之地，Canon则完全退出高端市场，只能屈居三线，将其业务重点集中于中低端光刻机市场。中低端光刻机市场竞争激烈，产品包括封装光刻机、LED光刻机以及面板光刻机等，与复杂的IC前道制造相比，工艺要求和技术壁垒较低，Canon凭借价格优势拿下不少的中低端市场份额。而Canon只能屈居三线；上海微电子装备（SMEE）作为后起之秀，暂时只能提供低端光刻设备。由于光刻设备对知识产权和供应链要求极高，短期很难达到国际领先水平。

（3）ASML厂商分析

产品方面，ASML旗下的TWINSCAN系列是目前世界上精度最高、生产效率最高、应用最为广泛的高端光刻机型。最新的TWINSCAN NXE：3400C（EUV光刻机）可用于生产5nm的芯片，2019年共交付了9台。目前全球绝大多数半导体生产厂商，都向ASML采购TWINSCAN机型。除了EUV光刻机，市场上的主力机种还有XT系列以及NXT系列，为ArF和KrF激光光源，XT系列是成熟的机型，分为干式和沉浸式两种，而NXT系列则是现在主推的高端机型，全部为沉浸式。

创新股权结构方面，ASML为了筹集EUV光刻机的研发资金，于2012年提出客户联合投资计划，客户可通过注资的方式成为股东后拥有优先订货权。这样一来，ASML的研发资金压力转移到了客户身上，客户需要为先进光刻技术的研发买单，但同时也会拥有对先进技术的优先使用权。该计划一经推出，ASML以23%的股权共筹得53亿欧元资金。ASML在2019年共向客户交付了26台极紫外光刻机。其中，有9台是最新型号，即NXE：3400C，这些新型号的光刻机被用于7nm EUV工艺的制造。其中有一半给了台积电，其余给了三星、英特尔等有晶圆业务的公司。

营收及利润增长点方面，在2019年下半年，内存芯片客户需求趋弱，而逻辑芯片客户需求走强。2019年ASML的净销售额为118.2亿欧元（约907.3亿人民币），同比增长8%，净利润为25.9亿欧元（约198.9亿元人民币），同比增长3%。未来逻辑芯片客户强劲的需求将弥补在存储芯片方面的需求减缓。由于半导体领域的技术创新，以及5G技术的成熟推动多种场景的落地，ASML未来营收将实现稳步增长。从按照下游应用拆分的光刻机收入可以看出，逻辑芯片在2019年占比73%，存储芯片占比27%，逻辑芯片成为主要来源。从按下游应用拆分的ASML营业收入可以看出，2019年之前ASML营收增长的主要动力来源于存储芯片，其营收占比从2016的22.1%，一路增长至2018的41.5%，但是在2019年实现反转，存储芯片市场需求疲软，而逻辑芯片需求逆势走强。2019年到2021年，逻辑芯片需求大幅增长，存储芯片需求增长缓慢。

按照产品拆分的光刻机收入，2019年ASML的主流光刻机仍为ArFi，2019年营收占比为53%，但随着EUV被更多大厂采用，EUV光刻机占比及销售额在迅速增长。ASML光刻机销售三星、海力士、台积电、英特尔为ASML的大客户，韩国、中国台湾以及美国为ASML光刻机的主要出货地区，2019年销售净额占比分别为18%、45%和17%。

2020年到2021年DUV和EUV销量持续增加。ASML的DUV光刻机销售从2020年的227台增加到2021年的267台。随着EUV光刻机出货量增长，其销售比重突飞猛进，占到了总营收的大头，成为ASML主打产品。DUV光刻机的需求量也受到近年芯片荒的影响，逐步攀升。

ASML2019年研发费用19.6亿欧元，占营业收入比重的16.6%，2021年研发费用30.3亿欧元。ASML在光刻设备市场具有不可撼动的霸主地位，尼康和佳能难以与之抗衡的一大重要原因在于其巨额研发投入撑起高端产品的竞争力，对于ASML来讲，光刻机有90%的部件是全球采购的，不是ASML生产的，研发其实是研发组装技术和核心部件。这种模式比佳能和尼康单枪匹马的研发模式更具效率和灵活性。

（4）ASML供应商梳理及地图概览

ASML的EUV光刻机，整合了全球尖端供应链体系，90%的零部件由全球顶尖的供应商采购，撑起了最尖端EUV光刻机的生产。从国际供应商的梳理我们可以看出，目前美国供应商占比接近四分之一，其中含有美国技术的占比更高。

2021年，ASML共有4700家供应商，其中全球供应商占比为荷兰1500家，美国1200家，亚洲1300家，其他700家。总共的4700家供应商可以分为产品相关与非相关的供应商。其中与产品相关的供应商提供直接用于生产的材料、设备、零件和工具。这一类别包括800家供应商，占采购量的比例最高，约为ASML总开支的70%。在与产品相关的供应商总数中，约有200家供应商是关键供应商，占产品相关支出约为92%。

EUV光刻机的大部分核心零部件或子系统都是由美国供应商提供，光学系统部分由德国公司供应，日本主要提供EUV光刻胶等非核心零件。

3. 光刻机国产化与产业链发展

（1）国内半导体产业发展——高端半导体设备进口依赖巨大

近年来，多个12英寸晶圆厂项目落地中国大陆。SEMI的数据显示，2017年至2020年全球投产的半导体晶圆厂为62座，其中有26座设于中国大陆，占全球总数的42%。

中国大陆在12英寸晶圆厂方面已投资数千亿美元，产品涉及多个领域与制程。除去目前已经停摆的两个项目（成都格芯和德科玛南京），目前中国大陆共计有31座在建、已建的12英寸晶圆厂，28座在建、已建、规划中的8英寸晶圆厂项目主要集中在北京、成都、重庆及江浙地区。

晶圆厂的建立意味着需要大量半导体设备的支持，尤其12寸晶圆厂对尖端半导体设备的依赖更是与日俱增。而且目前晶圆厂的主要成本就在于半导体设备的购买。然而，我们尖端半导体设备的落后，国内绝大多数晶圆厂只能采购进口设备，而且生产产品还要受到国外供应商的审核。经过我国多年布局，大部分半导体设备实现了国产化，且部分设备可以达到国际先进水平。在众多半导体设备中，光刻机的对外依赖尤为严重，且国产化推进十分缓慢。自2016年至2020年，除了光刻设备国产化停滞不前，其他半导体设备国产化率都有相应的增长。因此，光刻机依然是我国国产化半导体设备的痛点。

（2）国内光刻机研发进展——高端、尖端光刻设备代差巨大

"十二五"期间，为推动我国集成电路制造产业的发展，提升我国集成电路制造装备、工艺及材料技术的自主创新能力，充分调动国内力量为重大专项的有效实施发挥作用，国家决定实施"极大规模集成电路制造装备及成套工艺"项目。次序排在国家重大专项所列十六个重大专项第二位，在行业内被称为"〇二专项"。〇二专项的落地与推进，使我国光刻机产业实现了从无到有的突破，解决了多项卡脖子难题。

一是光刻机双工件台系统样机研发项目。

2016年4月，清华大学牵头的〇二专项光刻机双工件台系统样机研发项目成功通过验收，标志着我国在双工件台系统上取得技术突破。

研究团队历经五年时间突破了平面电机、微动台、超精密测量、超精密运动控制、系统动力学分析、先进工程材料制备及应用等若干关键技术，攻克了光刻机工件台系统设计和集成技术，通过多轮样机的迭代研发，最终研制出两套光刻机双工件台掩模台系统α样机，达到了预定的全部技术指标，关键技术指标已达到国际同类光刻机双工件台的技术水平。

二是极紫外光刻关键技术研究项目。

使用波长为13.5nm的极紫外光，是传统投影光刻技术向更短波长的延伸，正处于产业化的临界点。作为工业制造领域尖端技术的融合，世界上只有少数几家研究机构及公司掌握此技术。目前，EUV光刻技术的国际垄断局面已经初步形成，目前全球只有ASML一家能够提供波长为13.5nm的EUV光刻设备。

2016年11月15日，由长春光机所牵头承担的国家科技重大专项〇二专项极紫外光刻关键技术研究项目顺利完成验收前的现场测试。在长春光机所、成都光电所、上海光机所、中科院微电子所、北京理工大学、哈尔滨工业大学、华中科技大学等参研单位的共同努力下，历经八年的勠力攻坚，圆满地完成了预定的研究内容与攻关任务，为我国光刻技术的可持续发展奠定了坚实的基础。突破了现阶段制约我国极紫外光刻发展的核心光学技术，初步建立了适应于极紫外光刻曝光光学系统研制的加工、检测、镀膜和系统集成平台。

在EUV光学系统协同设计、膜厚控制精度达原子量级的EUV多层膜技术、深亚纳米量级的超光滑非球面加工与检测技术、超高精度物镜系统波像差检测及集成技术等方面，突破了一系列EUVL工程化关键技术瓶颈；成功研制了小视场EUVL曝光光学系统，投影物镜波像差优于0.75nm（RMS），构建了EUVL静态曝光装置，获得32nm线宽的光刻胶

曝光图形；建立了 EUVL 关键技术验证及工艺测试平台。

三是超分辨光刻装备研制项目。

2018 年 11 月，中科院光电技术研究所承担的超分辨光刻装备研制项目通过验收，该装备在 365nm 光源波长下，单次曝光最高线宽分辨力达到 22nm，项目在原理上突破分辨力衍射极限，建立了一条高分辨、大面积的纳米光刻装备研发新路线。

此次装备打破了传统路线格局，形成一条全新的纳米光学光刻技术路线，具有完全自主知识产权，为超材料超表面、第三代光学器件、广义芯片等变革性领域的跨越式发展提供了制造工具。装备制造的相关器件已在中国航天科技集团公司第八研究院、电子科技大学、四川大学华西医院、中科院微系统所等多家科研院所和高校的重大研究任务中得到应用。

（3）光刻机国产化产业链

华卓精科

2012 年 5 月 9 日，北京华卓精科科技股份有限公司由清华 IC 装备团队在清华大学及其下属北京 - 清华工业技术研究院和〇二专项的支持下创立，是一家肩负着专项重大科研成果产业化重任的高新技术企业。公司建立初衷在于将清华大学在〇二专项中积累的高端垄断技术落地产业化，通过技术辐射和下行的方式，面向国内市场提供产业界急需的高端零部件、子系统类产品。华卓精科主要从事半导体制造装备及其关键零部件研发、设计、生产、销售与技术服务。

华卓精科面向国内外的 IC 制造、光学、超精密制造等行业，致力于为行业提供整机装备、核心子系统、关键零部件和定制服务，主营产品包含高端整机、超精密运动系统、精密仪器设备和高端特种制造等方面。

华卓精科以国内著名高校的原发技术为基础，经过多年技术攻关和客户实用，形成了坚实规范的技术研发体系，现在已经成功推出了光刻机双工件台、精密隔振、超精密运动系统、关键零部件等系列化产品。

其中气浮平面电机的硅片台双台交换系统，具有两个结构相同的分别工作于预处理工位和曝光工位的硅片台，采用平面电机和气浮结构进行驱动和支承，该发明解决了提高硅片台运动速度、加速度和运动定位精度过程中出现的多项技术难题。

科益虹源

上微电即将交付的 28nm 光刻机光源部分将由科益虹源完成，科益虹源为北京市属企业，中科院下属公司。

北京科益虹源光电技术有限公司是中国唯一、世界第三家高能准分子激光器研发制造企业，2018 年自主研发设计生产成功后，打破了国外厂商的垄断。

科益虹源承担国家〇二专项光刻机核心部件准分子激光器，全面开展 28nm 浸没式曝光光源项目开发，完成了 193nm 样机实验，进入国际最高端的 DUV 光刻光源产品系列。

目前已完成 6kHz、60W 光刻机光源的制造，该光源即为现阶段主流 ArF 光刻机光源。

科益虹源主要有光刻用 248nm 准分子激光器、光刻用干式 193nm 准分子激光器和光刻用浸没式 193nm 准分子激光器三个系列产品，主要用于 90nm 和 65nm 以下节点光刻机。

科益虹源研发的光刻用准分子激光系统打破了美国和日本的长期垄断地位。样机完成相关实验验证后，向上海微电子装备集团提供订单。

科益虹源集成电路光刻光源制造项目在徐州，项目总投资约 5 亿元，建筑面积约 1.2 万平方米，年产 RS222 型光刻准分子激光器、光刻用准分子激光器、405 光纤耦合头等各类设备 30 台（套）。

国科精密

长春国科精密光学技术有限公司通过承担"国家科技重大专项〇二专项"核心光学任务，建立了专业的研发团队，建成了国际水平的超精密光机系统研发与制造平台。

2016 年公司研发的我国首套用于高端 IC 制造的 NA0.75 投影光刻机物镜系统顺利交付用户，标志着我国超精密光学技术已跻身国际先进行列。

Epolith A075 型曝光光学系统是"国家科技重大专项〇二专项"的核心研究成果，是我国首套具有全部自主知识产权的 90nm 节点光刻机曝光光学系统，为浸没式光刻机曝光光学系统的研发与产业化奠定了良好的技术与产业化基础。

国望光学

国望光学是北京亦庄、长春光机所、上海光机所整合完成的企业，核心团队成员全部来自长春国科精密光学技术有限公司。国望光学研发的我国首套 90nm 节点 ArF 投影光刻机曝光光学系统已于 2016 年顺利交付，此项成果标志着我国超精密光学技术已全面形成并跻身国际先进行列。所承接的 110nm 节点 KrF 光刻机曝光光学系统的产品研发工作也近尾声。

国望光学承担国家〇二专项核心任务面向 28nm 节点的 ArF 浸没式光刻曝光光学系统的研发攻关，目前任务进展顺利。

2019 年下半年国望光学启动亦庄园区 B13 地块的开发，该项目规划投资 60 亿元，占地近 110 亩，三年完工。基地建成后，国望光学将拥有 110nm、90nm、28nm 及以下节点极大规模 IC 制造投影光刻机曝光光学系统产品的研发、设计与批量生产供货能力。

启尔机电

启尔机电主要从事微电子制造装备，公司前身为浙江大学流体动力与机电系统国家重点实验室的科研团队，主要产品为沉浸式光刻机四大核心部件之一的浸液系统，目前研发进度仅次于荷兰 ASML 及日本 Nikon。

该科研团队在国家"863"计划和国家重大专项等科研项目支持下，对光刻机浸液系统开展了十余年的技术攻关和产品研发，拥有国内领域最强技术积累和 100 余项发明专利。浙江启尔机电青山湖基地项目是国家〇二科技重大专项，专攻浸液系统，整个项目共占地25亩。

东方晶源

东方晶源微电子科技（北京）有限公司成立于2014年，总部位于北京。

东方晶源的产品主要用于20nm以下极大规模半导体芯片制程的电子束图像检测装备和综合优化系统的开发及生产，为关键工序提供高速高精度的检测系统。

东方晶源掌握行业最前端的技术和市场动向，与中国科学院微电子研究所等建立了广泛的合作关系，并得到科技部的认可和支持。

上海微电子装备有限公司（SMEE）

目前国内光刻机设备商较少，在技术上与国外还存在巨大差距，且大多以激光成像技术为主，在IC前道光刻设备方面，上海微电子装备（集团）股份有限公司（SMEE）代表了国内顶尖水平。

上微电成立于2002年3月，一直在光刻机领域深耕，于2008年"十五"光刻机重大科技专项通过了科技部的验收。上微电预计将在2021年至2022年交付第一台28nm工艺的国产沉浸式光刻机。

前道制造光刻机对制程要求较高，SMEE量产的是90nm制程，未来一至两年可实现最高28nm制程。目前，我国从事集成电路前道制造用光刻机的生产厂商只有上海微电子装备（集团）股份有限公司（SMEE）和中国电科（CETC）旗下的电科装备。

SSX600系列步进扫描投影光刻机作为前道制造光刻机，采用四倍缩小倍率的投影物镜、工艺自适应调焦调平技术，以及高速高精的自减振六自由度工件台掩模台技术，可满足IC前道制造90nm、110nm、280nm关键层和非关键层的光刻工艺需求。该设备可用于8英寸线或12英寸线的大规模工业生产。

4. 发展策略建议

由于EUV光刻机的复杂程度极高，科学、工程难题很多，近三十万个零件及八百家全球尖端供应商的全产业链条十分庞大，我国无法完全自主覆盖全产业链条。因此，需增加与全球光刻机关键供应商的合作，可自主或联合研发部分关键器件，打入光刻机全球供应链体系，争取更多的核心零部件占比，实现"你中有我，我中有你"的融合局面。

短期一至三年：政府牵头，组织多家单位联合攻关关键核心技术及零部件，例如核心光源（超高功率激光器、EUV发生腔）、光学系统（高反射EUV镜组）、双工作台（纳米精度位移，高加速度）。逐步布局国产产业链条，实现部分关键零部件融入光刻机全球供应链。

中期三至五年：深度融入全球光刻机供应链，实现关键技术、零部件的去美国化，逐步替代非美国家的进口依赖。实现商业样机的开发、搭建、生产。

长期五至十年：尖端光刻机的高国产化占比，实现自主可控量产。政府支持，设备厂商与晶圆厂商联合验证国产设备，建立国产化半导体制造链条。

（二）刻蚀设备

1. 技术体系

刻蚀是通过移除晶圆表面材料，在晶圆上根据光刻图案进行微观雕刻，将图形转移到晶圆表面的工艺。刻蚀分为湿法刻蚀和干法刻蚀，湿法刻蚀是利用化学溶液溶解晶圆表面的材料，干法刻蚀使用气态化学刻蚀剂与材料产生反应来刻蚀材料并形成可以从衬底上移除的挥发性副产品。由于等离子体产生促进化学反应的自由基能显著增加化学反应的速率并加强化学刻蚀，等离子体同时也会造成晶圆表面的离子轰击，故干法刻蚀一般都是采用等离子刻蚀。

刻蚀分为湿法刻蚀和干法刻蚀两种。早期普遍采用的是湿法刻蚀，但由于其在线宽控制及刻蚀方向性等多方面的局限，3μm之后的工艺大多采用干法刻蚀，目前干法刻蚀工艺占比90%以上，湿法刻蚀仅用于某些特殊材料层的去除和残留物的清洗。

目前主流的刻蚀机主要是电容、电感耦合等离子刻蚀机。另外，随着三维集成、CMOS图像传感器（CIS）和微机电系统（MEMS）的兴起，以及硅通孔（TSV）、大尺寸斜孔槽和不同形貌的深硅刻蚀应用的快速增加，多个厂商推出了专为这些应用而开发的专用刻蚀设备。

集成电路芯片刻蚀工艺中包含多种材料的刻蚀，单晶硅刻蚀用于形成浅沟槽隔离，多晶硅刻蚀用于界定栅和局部连线，氧化物刻蚀界定接触窗和金属层间接触窗孔，金属刻蚀主要形成金属连线。电容性等离子体刻蚀主要是以高能离子在较硬的介质材料上，刻蚀高深宽比的深孔、深沟等微观结构；而电感性等离子体刻蚀主要是以较低的离子能量和极均匀的离子浓度刻蚀较软的和较薄的材料。

2. 供给情况

全球刻蚀设备行业的主要企业为泛林半导体（LamResearch）、东京电子（TEL）和应用材料（AMAT）三家。从全球刻蚀设备市场份额来看，三家企业的合计市场份额就占到了全球刻蚀设备市场的90%以上。其中泛林半导体独占52%的市场份额，东京电子与应用材料分别占据20%和19%的市场份额。

国内的刻蚀设备企业主要有中微公司、北方华创、屹唐半导体和中电科。其中，中微公司、北方华创和屹唐半导体均以生产干法刻蚀设备为主，中电科除了生产干法刻蚀设备以外还生产湿法刻蚀设备。除上述企业外，国内还有创世微纳、芯源微和华林科纳等企业生产刻蚀设备。

国内厂商中微半导体在介质刻蚀领域较强，其产品已在包括台积电、海力士、中芯国际等芯片生产商的二十多条生产线上实现了量产；5nm等离子体蚀刻机已成功通过台积电验证，用于全球首条 5nm 工艺生产线。2020 年约占干法刻蚀市场的 1.37%。

北方华创在硅刻蚀和金属刻蚀领域较强，其 55nm、65nm 硅刻蚀机已成为中芯国际 Baseline 机台，28nm 硅刻蚀机进入产业化阶段，14nm 硅刻蚀机正在产线验证中，金属硬掩膜刻蚀机攻破 14nm 制程。2020 年约占干法刻蚀市场的 0.89%。

3. 技术体系构成及趋势

集成电路特征尺寸的不断缩小，对制造工艺的精度提出了越来越高的要求。28nm 及以上技术可利用传统的单次曝光光刻工艺实现低成本量产，20nm 以下技术开始使用 EUV 光刻机或是多重模板工艺实现更小的图形尺寸，目前我们受限于 EUV 光刻机的技术封锁，只能采用 DUV 光刻进行多重模板工艺实现 7nm 工艺线宽的制程。根据产业相关数据，14nm 制程所需使用的刻蚀步骤达到 65 次，较 28nm 高出 60%，7nm 制程所需刻蚀步骤更是高达 140 次，较 14nm 高出 118%，因此在更为关键的工艺节点上，刻蚀机的使用频率大大增加，相应的对刻蚀工艺控制能力要求更为严苛。以自对准四重图案工艺（self-aligned quadruple patterning，SAQP）为例，在此过程中对心轴、介质间隔物、硬掩膜材料等进行刻蚀，需要精确控制每一次刻蚀过程，达到原子层级的控制能力，否则因过刻或少刻带来器件性能偏差甚至器件失效，导致产品良率的下降。

另外随着特征尺寸的缩小，晶体管结构也由二维向三维转化，出现了更多高深宽比和小特征尺度结构。器件结构三维化引起集成电路架构复杂度逐步增加，刻蚀的难度越来越高，刻蚀工艺的占比也越来越大。晶体管在向着 5nm 甚至 3nm 技术节点迈进过程中，鳍式晶体管 FinFET 结构尺寸已缩小至物理极限，而全环栅晶体管（gate-all-around FET）被广泛认为是鳍式结构的下一代接任者。例如集成电路领军企业三星已发布 GAA FET 工艺将用于 3nm 芯片。对于 GAA 晶体管的制造，核心技术在于腔体隧道深度精确控制、内侧墙介质材料的淀积与刻蚀、内侧墙外侧对源漏的外延等，相较于 FinFET 工艺，需要多步骤地刻蚀出器件三维结构，并严格控制器件沟道在等离子体中的表面损伤，否则将会直接导致器件的失效。

存储器同逻辑电路发展路线一样，也受到工艺节点和器件三维化的影响，如 NAND 闪存器从最初 2013 年 24 层的堆叠产品，到近期美光公司发布的 176 层的三维 NAND 闪存产品，堆叠层数的增加，对其三维结构制造提出极端的挑战，特别是刻蚀工艺。三维结构的刻蚀包括了台阶刻蚀、沟道通孔刻蚀、切口刻蚀、接触孔刻蚀。以台阶刻蚀为例，刻蚀过程需要对百余对 SiO_2、Si_3N_4 薄膜进行台阶刻蚀，每对 SiO_2、Si_3N_4 层，一般在百埃量级，但是由于材料层数过多以及外延层均匀性问题，刻蚀工艺过程需要精确判断及严格控制每一层的刻蚀终点，否则会对刻蚀工艺的精准度产生较大影响，直接影响产品良率。

伴随集成电路的微缩和三维结构化，刻蚀工艺占比不断增高，市场规模逐年增加，目前刻蚀机市场主要由美国（泛林、应材）、日本（东京电子）厂商垄断，预计未来五年刻蚀的市场增速将超过半导体设备平均增速，达到 15%。

全球半导体刻蚀设备市场呈现高度垄断的竞争格局。泛林集团采刻蚀机采用变压器耦合型等离子体技术，在多种模板技术及三维闪存方面抢得市场先机。东京电子在逻辑器件大马士革工艺方面全球领先。应用材料则采用去耦合型等离子体源技术，致力于成套工艺整体解决方案。

另外，工艺进入 10nm 及以下节点，部分核心层工艺采用原子层刻蚀技术（ALE），如 2016 年泛林集团推出了首台 ALE 产品，成为刻蚀的热点技术，国内在这方面还属于空白，北方华创有意布局，但缺少验证性平台，国家应前瞻性布局，避免一直跟随的困境。

原子层刻蚀是指通过一系列的自限制反应去除单个原子层，不会触及和破坏底层以及周围材料的先进半导体生产工艺。原子层刻蚀可以实现精准的控制，具有优秀的各向异性，是未来刻蚀工艺的发展方向。

4. 发展策略建议

目前国内刻蚀机处于技术追赶阶段，已满足基本的国产替代，但是市场占比份额较小。国内刻蚀设备厂商正在不断的追赶国外先进厂商的技术差距，以北方华创为例，北方华创刻蚀机主要应用于硅刻蚀和金属刻蚀，2020 年 ICP 刻蚀累计交付超过一千腔。其 2007 年研发出 8 英寸 100nm 设备，比国际大厂晚八年；2011 年研发出 12 英寸 65nm 设备，比国际大厂晚六年；2013 年研发出 12 英寸 28nm 设备，比国际大厂晚三四年；2016 年研发出 12 英寸 14nm 设备，比国际大厂晚两三年。目前北方华创已获得包括华虹宏力、华虹无锡、中芯等厂家的刻蚀设备订单。

国内刻蚀机虽然已逐渐缩小了同国外先进刻蚀厂商的技术差距，但是仍然存在被国外卡脖子的环节，其核心零部件仍然依赖进口，国产化约为 20%，面临较大的供应链供应风险。

在零部件方面，如静电卡盘（electrostatic chuck，ESC）是刻蚀机的关键核心零部件，用于支撑晶圆，控制晶圆温度，传导下射频能量。静电卡盘温度的均匀性直接影响晶圆的温度均匀性，温度和射频能量直接决定了刻蚀工艺的速率和均匀性。先进制程对 ESC 的温度控制要求更高，因而多区式 ESC 应运而生，多区静电卡盘一般是在 $0.07m^2$ 的面积中设置超过一百个区域，精准控制局部温度的补偿调整，而 ESC 中涉及的内嵌式多层陶瓷结构、新型粘接技术，在相关领域国内暂未实现突破。

射频电源及其匹配系统，用于提供真空腔室等离子体放电所需的射频能量。芯片加工制造工艺的不断提高，要求射频电源具备功率输出的高稳定性和高可靠性，具备脉冲调制和脉冲管理功能，能够实现多级功率控制；进行快速动态负载阻抗匹配，实时跟踪半导体工艺过程中的动态负载变化，实现动态负载下精确控制等离子体状态，以满足高技术半导体晶圆工艺要求。在 7nm 及以下集成电路刻蚀设备中，具有脉冲调制和脉冲管理、多级功率控制和自动扫频等功能的射频电源，将会得到广泛的应用。目前，射频电源技术主要掌握在美日德等少数国家的少数厂家中。我国国产集成电路设备配套用的射频电源，基本处于产品开发和设备工艺验证阶段，未到大规模生产线实际量产应用阶段。

终点检测主要是为了精确控制刻蚀工艺以减小对下面材料的过度刻蚀，它可以避免不同批次晶圆的膜层厚度差异导致的结构差异。光学发射光谱（optical emission spectroscopy，OES）是目前最常用的工艺检测方法，通过光谱可以非介入地对刻蚀终点进行高时间分辨的监控。随着工艺的演进，刻蚀精度要求相应刻蚀速率放慢，或被刻蚀面积尺寸很小的情况下，都会导致反应物或产物含量很低，探测信号的强度将会很弱，工艺过程中信号强度变化不明显，导致检测和控制失效，因而相应检测原理、系统设计、信号处理都面临革新。同时，无监督机器学习、自适应决策等智能化方案也正在被引入以减少工艺判断对工程师个人经验的依赖。目前终点检测系统被美国企业所垄断，在集成电路产业链企业纵向整合的趋势下，测控系统的核心供应商正在进一步被国外装备巨头所整合，不管是出于经济因素还是政治因素，都使得技术断供风险大增。

刻蚀工艺中，与等离子接触的铝合金、石英、陶瓷等零部件会因为被轰击冲蚀而产生颗粒污染。这些颗粒污染会在晶片上产生缺陷，这种缺陷会导致晶片报废。氧化钇（Y_2O_3）是目前应用最广的耐等离子腐蚀材料。在芯片刻蚀机腔体内壁表面喷涂一层氧化钇涂层，可有效避免腔体基材对硅片刻蚀的污染，同时刻蚀机的维护周期可以大幅延长。目前该技术主要掌握在日本厂商手中，国内暂未突破。

上述如 OES 美国 Verity 公司市场占有绝大多数市场，国内自给率不足 1%。射频电源由美国 AE、MKS 等公司，占据高端市场，国内无高端突破。流量控制器由美国 MKS 掌握，密封和真空系统其中如密封圈由美国杜邦、阀门如 Swagelok、真空计如 MKS 等控制，特别是这些核心部件大都掌握在国外供应商的手里，国内还处于比较落后的水平。核心零部件受制于人，国产替代进展缓慢，应整合国内上下游供应链，协同提升国内厂商产品性能。

需关注核心设备零部件厂商的发展，上下游联动，培育国产零部件替代厂商，对使用国内零部件替代的产品进行一定的政策和资金扶持，培育核心设备零部件的验证产业链。

（三）镀膜设备

1. 技术体系

薄膜沉积是一种添加工艺，指利用化学方法或物理方法在晶圆表面沉积一层电介质薄膜或金属薄膜，集成电路薄膜沉积可分为物理气相沉积（PVD）、化学气相沉积（CVD）和原子层沉积（ALD）三大类。随着制程精进，要沉积的层更多，薄膜沉积设备市场空间在不断扩大。CVD 是薄膜设备中占比最高，占整体薄膜沉积设备市场的 33%；ALD 设备目前占据薄膜沉积设备市场的 11%；溅射 PVD 和电镀 ECD 合计占有整体市场的 23%。我国薄膜沉积设备领域国产化率仅有 2%，98% 依赖进口，未来替代空间巨大。

CVD 是利用气态化学原材料在晶圆表面产生化学反应过程，在表面沉积一种固态物作为薄膜层。CVD 广泛应用在晶圆制造的沉积工艺中，包括外延硅沉积、多晶硅沉积、电介质薄膜沉积和金属薄膜沉积。常用的化学气相沉积工艺包括常压化学气相沉积（APCVD）、低压化学气相沉积（LPCVD）和离子增强型化学气相沉积（PECVD）。

APCVD 主要应用在二氧化硅和氮化硅的沉积，LPCVD 主要应用于多晶硅、二氧化硅及氮化硅的沉积。PECVD 通过等离子产生的自由基来增加化学反应速度，可以利用相对较低的温度达到较高的沉积速率，广泛应用于薄膜沉积。

PVD 是另一种重要的薄膜沉积工艺，PVD 是通过加热或溅射过程将固态材料气态化，然后使蒸汽在衬底表面凝结形成固态薄膜，常用的 PVD 工艺有蒸发工艺、溅镀工艺和离子镀工艺。磁控溅射技术属于 PVD（物理气相沉积）技术的一种，是制备薄膜材料的重要方法之一。它是利用带电荷的粒子在电场中加速后具有一定动能的特点，将离子引向被溅射的物质制成的靶电极（阴极），并将靶材原子溅射出来使其沿着一定的方向运动到衬底并在衬底上沉积成膜的方法。磁控溅射设备使得镀膜厚度及均匀性可控，且制备的薄膜致密性好、黏结力强及纯净度高。该技术已经成为制备各种功能薄膜的重要手段。

ALD 是一种可以将物质以单原子膜形式一层一层地镀在基底表面的方法，是制备薄膜材料的重要方法之一。它的特点是自限制性，这也决定了原子层沉积技术具有厚度高度可控、优异的均匀性及良好的保形性等众多优点，尤其擅长高深宽比图形填充。相较于传统 CVD 技术，ALD 具有低温下沉积，超高的保形性，薄膜致密性，膜厚的精确控制，无针孔等优势。随着半导体器件朝更复杂、更高深宽比，甚至是三维异形结构的方向发展，对 ALD 的产品需求量越来越大。

2. 技术供给

CVD 工艺使用的半导体设备是化学气相沉积设备，从 CVD 设备种类来看，PECVD、APCVD 和 LPCVD 三类 CVD 设备合计市场份额约占总市场份额的 70%，仍旧是 CVD 设备市场的主流。全球的化学气相沉积设备市场主要由应用材料、泛林半导体和东京电子所垄断，三者合计约占 70% 的份额。

国产 CVD 设备生产商主要有北方华创和沈阳拓荆。国内设备厂商以北方华创薄膜设备产种类最多，主要生产 APCVD 设备和 LPCVD 设备，沈阳拓荆则以 PECVD 为主。北方华创的 PECVD 已主要进入光伏、LED 领域，集成电路领域已有所突破。沈阳拓荆的 65nm PECVD 已实现销售。中微半导体的 MOCVD 在国内已实现国产替代。根据中国国际招标网数据，沈阳拓荆已有三台 PECVD 设备进入长江存储。

PVD 工艺使用的半导体设备为 PVD 设备，全球 PVD 设备市场基本上为应用材料所垄断，其市场份额高达 85%，其次为 Evatec 和 Ulvac 市场份额分别为 6% 和 5%。

国内在集成电路领域的 PVD 生产商主要为北方华创。北方华创突破了溅射源设计技术、等离子产生与控制技术、颗粒控制技术、腔室设计与仿真模拟技术、软件控制技术等多项关键技术，实现了国产集成电路领域高端薄膜制备设备零的突破，设备覆盖了90~14nm多个制程。北方华创PVD工艺国内领先。其自主研发13款PVD产品，其中自主设计的exiTin H630 TiN金属硬掩膜PVD是国内首台专门针对55~28nm制程的12英寸金属硬掩膜设备，实现国产28nm后端金属硬掩膜的突破；28nm的TiN Hardmask PVD进入国际供应链体系，目前制程进步到14nm；公司14nm CuBS PVD于2016年开始研发，并于2020年初进入长江存储的采购名单，成功打破AMAT的垄断。

原子层沉积（ALD）与普通的化学沉积有相似之处。但在原子层沉积过程中，新一层原子膜的化学反应是直接与之前一层相关联的，这种方式使每次反应只沉积一层原子。ALD工艺可以更加精确控制薄膜的尺寸，对于DRAM，3D NAND和逻辑FinFET制造中越来越重要，成为先进工艺节点下的薄膜沉积的核心工艺。

目前ALD设备已在集成电路行业先进工艺节点中大规模使用，应用材料、泛林半导体和东京电子都已经推出了ALD设备，国内设备生产商在ALD设备方面也有布局。国外ALD设备龙头东京电子（TEL）和先晶半导体（ASMI）分别占据了31%和29%的市场份额。国内设备厂商中北方华创的热原子层沉积（Thermal ALD）设备、等离子体增强原子层沉积（PEALD）设备两个系列产品，已进行产品验证测试，可以满足28~14nm FinFET和3D NAND原子层沉积工艺要求。沈阳拓荆的ALD相关设备已成功应用于14nm及以上制程集成电路制造产线进行产品验证测试。

3. 技术体系构成及趋势

随着特征临界尺寸（CD）不断缩小，降低器件功耗和提高性能速度越来越受到导线和局部互连性能的限制。对于7nm及以下节点，钨间隙填充内电阻的增加会导致功耗提高、芯片性能下降。第一层的铜互连面临着类似的挑战，因为电阻随着铜量的减少而上升，同时也会降低芯片性能。

钴不仅是一种固有电阻低于钨的材料，还因为用于创建钴接触孔的工艺流程能够使得导电金属的体积更大而提高性能，而且能减少相关的方差，从而提高良率。同样，在互连中，钴表现出比铜更好的线性和通孔电阻缩放性能及更少的电迁移，从而促进更高的电流密度，钴互联工艺的开发，镀膜设备转向平台型机器，在一台机器里面，集成了所需要的PVD、ALD、CVD设备，通过真空互联技术，在同一平台设备中，完成整个钴互连工艺。

4. 发展策略建议

沉积类型设备往设备平台化的方向发展，需要整合各镀膜厂商的优势资源，建立统一的设备平台化接口标准，在无法完全同一家企业平台化的情况下，可以努力实现机台输出输入标准的平台化上下游联动，培育国产零部件替代厂商，对使用国内零部件替代的产品进行一定的政策和资金扶持，培育核心设备零部件的验证产业链。

(四)前道检测设备

在半导体设计、制造、封装中的各个环节都要进行反复多次的检测、测试以确保产品质量，从而研发出符合系统要求的器件。缺陷相关的故障成本影响高昂，从 IC 级别的数十美元，到模块级别的数百美元，乃至应用端级别的数千美元。因此，检测设备从设计验证到整个半导体制造过程都具有无法替代的重要地位。

1. 技术定位及场景

检测设备作为能够优化制程控制良率、提高效率与降低成本的关键，未来在半导体产业中的地位将会日益凸显。预计未来我国半导体检测设备市场广阔，其主要原因为：当前复杂的地缘政治带来国产替代的迫切需求；国家政策大力支持集成电路产业，产业发展迅速；半导体产业重心由国际向国内转移带来机遇；我国已成为全球最大的设备市场；新应用领域不断涌现，新器件性能迭代加速，带来设计公司发展新机遇；芯片集成度的不断提高，迎来了检测设备的更大需求。

广义半导体检测设备可分为前道检测设备和后道测试设备，前道检测主要用于晶圆加工环节，目的是检查每一步制造工艺后晶圆产品的加工参数是否达到设计的要求或者存在影响良率的缺陷，属于物理性的检测；半导体后道测试设备主要是用在晶圆加工之后、封装测试环节内，目的是检查芯片的性能是否符合要求，属于电性能的检测。

前道量测设备主要功能是在集成电路生产过程中，对经每一道工艺的晶圆进行定量测量，以保证工艺的关键物理参数满足指标如膜厚、关键尺寸（CD）、膜应力、折射率、掺杂浓度、套准精度等。半导体制造的上千道工序中，如果每一个环节的良率为 99.9%，那么最后成品的良率将只有 36.8%，所以在工序进行中的关键环节上通过检测及早发现问题，提升最终的成品率。

2. 技术体系构成及趋势

先进制程升级要求半导体检测软硬件快速迭代。主要指标包括精度、速度、并测能力、自动化程度、平台延展性等。

作为物理性检测的前道量检测设备，注重过程工艺监控。根据功能的不同又分为两种设备：一是量测类，二是缺陷检测类。量测类设备主要用来测量透明薄膜厚度、不透明薄膜厚度、膜应力、掺杂浓度、关键尺寸、套准精度等指标，对应的设备需求分别为椭偏仪、四探针、原子力显微镜、热波系统、扫描电子显微镜和相干探测显微镜等。缺陷检测类设备主要用来检测晶圆表面的缺陷，分为光学显微镜和扫描电子显微镜。

半导体检测设备的核心功能是检测晶圆制造和芯片成品的质量，辅助降本、提高良率和增强客户的订单获取能力。提高制程控制良率，提高效率降低成本是客户的重要诉求。检测设备自身不会改变晶圆或芯片的质地，但是经过优化的测试方法，可以在具有高测试覆盖率的前提下，控制成本并降低在最终客户的 DPPM（defective parts per million），减少退货率。而随着制程的演进，检测设备各项指标的要求大大提升。集成电路制造良率与单位面积平均检测缺陷密度呈反比。随着制程工艺的升级，单位晶圆面积的平均检测缺陷密度将增加，从而导致良率下降，成本上升。这要求半导体检测设备的精度和速度等指标需要进一步提升来进行匹配。

另外，检测设备的自动化智能化要求也越来越普遍，为了获取尽量高的芯片成品率，必须严格控制晶圆之间、同一晶圆上芯片之间的工艺一致性，因此对工艺过程中晶圆进行在线检测成为必然，这就要求检测设备必须具备智能化的图像识别功能，能够快速、准确地找到工艺流程中规定的测量区域去完成检查和测量，并且自动地将数据实时上传至生产线控制终端系统，为各工艺段的生产设备的参数微调提供依据，并预警设备异常，从而保证每道工艺均落在容许的工艺窗口内，使整条生产线平稳连续地运行。

3. 技术供给情况

根据 SEMI 统计，2021 年全球半导体检测类设备市场规模超 800 亿元，其中前道量测设备市场规模 406 亿元，后道测试设备 399 亿元。半导体检测设备市场结构特征包括：半导体设备占整线投资的 80%；半导体检测设备占半导体专用设备 17%，其中前道量测设备占比 8.5%，后道测试设备占比 8.3%；前道量检测设备中，其中测量设备占 34%，缺陷检测设备占比 55%，过程控制软件占 11%。

半导体检测设备呈现寡头垄断格局。前道检测设备领域，科磊、应用材料、日立合计占比 76%，半导体前道量测设备里，除了薄膜测量设备、宏观缺陷检查设备的龙头份额低于 50% 以外，其他细分设备领域的龙头市场份额都在 50% 以上。薄膜测量设备、宏观缺陷检查设备可能是比较容易突破的两种前道量测设备类型。

尤其是美国公司科磊半导体（KLA）在检测设备市占率达 52%，在部分细分领域具有绝对垄断优势。根据 Gartner 数据，前道检测设备领域，科磊独占 52% 的份额，应用材料、日立高新则分别占比 12%、11%，前三位企业合计占比接近 80%，市场集中度较高，且基本被海外公司所垄断，国内企业市场份额不足 1%，其中科磊在检测设备领域市占有率有绝对优势，在晶圆形貌检测、无图形晶圆检测、有图形晶圆检测领域市占率分别达到 85%、78%、72%，具有绝对垄断优势。

根据长江存储招标信息，国内量检测市场部分细分领域尽管已采用 Onto、日立高新替代，但科磊在部分领域的市占率仍较高，尤其在量测领域的电阻测量仪、晶圆应力测量系统、套刻对准系统以及检测系统的明暗场检测、光罩检测、无图形表面检测等领域几乎呈垄断地位。

半导体检测设备的进入门槛较高。半导体检测设备的门槛体现在技术门槛、人才壁垒、客户资源壁垒、资金壁垒和产业协同壁垒。半导体前道量测设备国产化有零星出货。国产半导体量测设备主要参与者为精测电子和上海睿励。2020 年 1 月，上海精测中标长江存储三台膜厚光学关键尺寸量测仪。电子显微镜产品正在研发阶段。上海睿励自主研发的12英寸光学测量设备TFX3000系列产品，已应用在28nm芯片生产线并在进行14nm工艺验证，在3D存储芯片上达到64层的检测能力。产品目前已成功进入世界领先芯片客户三星3D闪存芯片生产线，并取得七台次重复订单。

4. 发展策略建议

目前国内的半导体前道测试设备都集中在量测设备，关键检测设备没有攻坚团队，是最大的风险点，开发检测设备所需基础数学、物理能力要求最高，要发动高校院所啃硬骨头。因而有以下建议：①注重上游零部件攻关布局：光学、电子光学、真空、运动、电控等，这些关键技术与科学仪器相关技术高度重叠，可以布局协同发展；②注重软硬协同，加强关键算法和软件布局，推动面向产业应用的工业视觉、信号处理和自动化控制等技术应用，集成电路检测设备方向也应纳入工业软件范畴重点支持；③上下游协同，布局应用示范、国外产品对标测试。

（五）其他工艺设备

1. 离子注入设备

离子注入机通过加速和引导，将要掺杂的离子以离子束形式入射到材料中去，离子束与材料中的原子或分子发生一系列理化反应，入射离子逐渐损失能量，并引起材料表面成分、结构和性能发生变化，最后停留在材料中，实现对材料表面性能的优化或改变。离子注入具备精确控制能量和剂量、掺杂均匀性好、纯度高、低温掺杂、不受注射材料影响等优点，目前已经成为$0.25\mu m$特征尺寸以下和大直径硅片制造的标准工艺。集成电路领域离子注入机包括三种机型，大束流离子注入机、中束流离子注入机和高能离子注入机。

全球三大离子注入机企业：美国应用材料、亚舍立科技、日本SMIT合占市场份额超过94%。

目前我国集成电路离子注入机国产化正处于起步阶段，国内企业中，凯世通（万业企业旗下）和中科信（电科装备旗下）具备集成电路离子注入机的研发和生产能力。2019年，凯世通IC离子注入机在国内12英寸晶圆厂及主流存储芯片厂成功验证。2020年，电科装备自主研制出了高能离子注入机，填补了国内高能离子注入机的空白。万业企业旗下的凯世通其主要的离子注入机主要应用在光伏行业，其集成电路上的应用目前依然处在起步验证阶段。

2. 化学机械磨抛设备

化学机械研磨是一种移除工艺技术，该工艺结合化学反应和机械研磨去除沉积的薄膜，使得晶圆表面更加平坦和光滑，CMP设备在较长时间内不存在技术迭代周期，7～28nm在设备原理上无改变，有利于国产设备的追赶和替代。设备关键点为精密的机械控制；核心挑战为平整度、均匀性和进程自动检测控制；核心耗材为抛光液、抛光垫、抛光头、保持环、气膜、清洗刷、钻石碟；目前设备的抛光头分区精细化、工艺控制智能化、清洗单元多能量组合化。如应用材料的 CMP 设备在 FinFET 和 3D NAND 应用中达到纳米级的控制精度。设备具备六区抛光头控制，包括了四个抛光腔、八个清洗腔、两个干燥腔。

全球 CMP 市场主要被 AMAT 和荏原机械垄断。国内市场上，华海清科和电科装备四十五所是主要的研发力量。华海清科是国内唯一的 12 英寸 CMP 设备制造商，其设备已应用在中芯国际、长江存储、华虹集团、英特尔、长鑫存储等 IC 制造商的大生产线中。电科装备四十五所自主研发的 CMP 商用机已进入中芯国际、华虹等生产线。

3. 热氧化设备

氧化是将硅片放置于氧气或水汽等氧化剂的氛围中进行高温热处理，在硅片表面发生化学反应形成氧化膜的过程，是集成电路工艺中应用较广泛的基础工艺之一。氧化膜的用途广泛，可作为离子注入的阻挡层及注入穿透层（损伤缓冲层）、表面钝化、绝缘栅材料以及器件保护层、隔离层、器件结构的介质层等。

扩散是在高温条件下，利用热扩散原理将杂质元素按工艺要求掺入硅衬底中，使其具有特定的浓度分布，达到改变材料的电学特性，形成半导体器件结构的目的。在硅集成电路工艺中，扩散工艺用于制作 PN 结或构成集成电路中的电阻、电容、互连布线、二极管和晶体管等器件。

退火也叫热退火，集成电路工艺中所有在氮气等不活泼气氛中进行热处理的过程都可称为退火，其作用主要是消除晶格缺陷和消除硅结构的晶格损伤。为了使金属 Al 和 Cu 与硅基形成良好的基础，以及稳定 Cu 配线的结晶结构并去除杂质，从而提高配线的可靠性，通常需要把硅片放置在惰性气体或氩气的环境中进行低温热处理，这个过程被称为合金。

热处理设备美国的应用材料、日本的东京电子和日立国际电气（Kokusai）三家分别占据全球热处理设备 46%、21% 和 15% 的市场份额，此外我国的屹唐股份占 5%，北方华创占 0.2%。热处理设备属于相对技术难度不高，我国企业已实现一定程度的国产替代。

北方华创立式氧化炉具备独特优势。随着集成电路制造工艺要求的提高，特征尺寸不断缩小，对高端集成电路工艺处理设备的需求也越来越强烈。相比较传统炉管设备，立式氧化炉具备其独特优势：高效生产性能，高精度温度控制性能，良好成膜均匀性能，先进颗粒控制技术，完整的工厂自动化接口等。

立式炉产品市场开拓顺利，2021 年氧化扩散设备订单同比大幅提升。THEORIS 立式炉产品目前拥有氧化、退火、化学气相沉积、原子层沉积四种工艺系列，具备高精度温度控制能力、严格的金属污染控制能力以及稳定的传输控制能力。2020 年，THEORIS 立式炉产品第一百台出厂交付。

4. 清洗设备

清洗的作用是去除前一步工艺中残留的杂质，为后续工艺做准备，同时也提升良率。清洗技术可以分为湿法清洗和干法清洗，目前湿法清洗是市场上的主流清洗方法。

清洗工艺是芯片良率的重要保障，所有工艺步骤中占 30% 以上，占比最高。清洗的工序数量也在随着技术节点的精进而增加。

清洗机市场2020全球市场份额迪恩士占45%，东京电子占25.3%，泛林集团12.5%，日美企业主流。

目前国产替代进展顺利，以盛美半导体为首，北方华创、至纯科技、沈阳芯源都有所突破。

二、集成电路制造先进工艺

（一）先进逻辑工艺

1. 关键技术进展

英特尔创始人之一戈登·摩尔提出：集成电路上可容纳的晶体管数目，约每隔两年便会增加一倍。英特尔首席执行官大卫·豪斯提出：预计每经过十八个月芯片的性能提高一倍（即更多的晶体管使其更快），是一种以倍数增长的观测。

摩尔定律是在观察基础上对技术趋势的一个总结，同时也是对未来的展望。从摩尔定律提出至今的几十年间，不断有摩尔定律被终结的传言。然而，这些传言却都未实现。为了让摩尔定律延续到更小的器件尺度，学术界和工业界在不同的材料、器件结构和工作原理方面的探索一直在进行中。探索的问题之一是晶体管的闸极设计。随着器件尺寸越来越小，能否有效的控制晶体管中的电流变得越来越重要。从亚微米工艺，到后来的90nm工艺所代表的深亚微米时代，业内一直按照摩尔定律，稳步地发展。在65nm工艺的晶体管中的二氧化硅层已经缩小仅有五个氧原子的厚度。作为阻隔栅极和下层的绝缘体，二氧化硅层已经不能再进一步缩小，否则产生的漏电流会让晶体管无法正常工作。采用高电常数（high-k）的栅极介质，并且增加其厚度，则可获得低阈值电压、低沟道漏电、低栅极漏电的良好折中。2007年，英特尔采用high-k介质技术，发布第一款基于45nm的四核英特尔至强处理器以及英特尔酷睿二至尊四核处理器。于是，从45nm开始，进入了high-k时代。由于high-k介质的引入，随后的28nm制程的研发，比较顺利。然而在28nm之后，人们发现如果继续采用传统的Planar结构，摩尔定律难以为继。

全耗尽绝缘体上硅（fully depleted silicon-on insulator，FD-SOI）本体厚约5~20nm，这个结构消除沟道中耗尽层底部的中性层，让沟道中的耗尽层能够填满整个沟道区。

对于FDSOI晶体管，硅薄膜自然地限定了源漏结深，同时也限定了源漏结的耗尽区，从而可改善漏致势垒降低（drain induced barrier lowering，DIBL）等短沟道效应，改善器件的亚阈特性，降低电路的静态功耗。此外，FDSOI晶体管无须沟道掺杂，可以避免随机掺杂涨落（random dopants fluctuation，RDF）等效应，从而保持稳定的阈值电压，同时还可以避免因掺杂而引起的迁移率退化。FD-SOI工艺可以实现漏电流低、静态功耗低的目标，

FD-SOI 器件可以降低 35%~70% 的功耗，减少其寄生电容，提高器件频率，与体硅相比，FD-SOI 器件的频率可以提高 20%~35%。FD-SOI 工艺可以将工作电压降低至大约 0.4V，而相比之下 Bulk CMOS 工艺的最小极限值一般在 0.9V 左右。使用 FD-SOI 的后向偏置技术可以提供更宽动态范围的性能，因此特别适合移动和消费级多媒体应用。

FD-SOI 还是一个平面的半导体工艺，Back Gate 带来的对沟道强控制，全耗尽减小了寄生电容效应，降低了工作电压，提高了可靠性。因此对 IOT 和模拟/射频芯片的支持有先天的优势。另一个明显优势是掩膜数更少，成本相对更低。综上所述，FD-SOI 技术在物联网、车载电子、通信等对可靠性和低功耗要求更高的领域，有很大的发展潜力。

随着设备尺寸的缩小，在较低的技术节点，例如在 22nm，仍然具有在沟道长度、面积、功率和工作电压的缩放比例，但是短沟道效应开始变得更明显，降低了器件的性能。为了克服这个问题，FinFET 就此横空出世。台积电前首席技术官和伯克利公司的前任教授胡正明及其团队于 1999 年提出了 FinFET 的概念，并在 2000 年提出了 UTB-SOI（FD SOI）。这两种结构的主要结构都是薄体，因此栅极电容更接近整个通道，本体很薄，大约在 10nm 以下。所以没有离栅极很远的泄漏路径。栅极可有效控制泄漏。现代 FinFET 是三维结构，也称为三栅晶体管。FinFET 可以在体硅或 SOI 晶片上实现。该 FinFET 结构由衬底上的硅体薄翅片（垂直）组成。围绕该通道提供了良好的通道三面控制。这种结构称为 FinFET，因为它的 Si 体类似于鱼的后鳍。在常规 MOS 中，常用提高沟道的掺杂浓度，来减少各种短沟道效应并确保高 Vth。在 FinFET 中，栅极结构被缠绕在通道周围并且主体是薄的，从而更好地降低短沟道效应，因此通道掺杂不是必需的。这意味着 FinFET 不易受掺杂剂诱导的变化的影响。低通道掺杂还确保通道内载体的更好的移动性。因此，性能更高。在这里注意到的一点是，FinFET 和 SOI 技术都将 Body Thickness 作为新的缩放参数。

FinFET 技术提供了超过体 CMOS 的许多优点，例如给定晶体管占空比可以获得更高的驱动电流，更高的速度，更低的泄漏，更低的功耗，无随机的掺杂剂波动，因此晶体管的迁移率更高和尺寸更小，可以低于 28nm。缺点则是其工艺制程比较复杂；芯片流片需要更多的掩膜，成本急剧增加。

FinFET 是半导体工艺里驱动电流参数最佳的选择，代表了"速度"。所有对速度有要求的芯片会采用 FinFET 工艺。另外一个 FinFET 的优点是，它是"赢家"的选择，前三大的半导体制造商（英特尔、三星、台积电）均采用 FinFET 工艺，带动了整个 FinFET 的生态蓬勃发展。FinFET 所谓的"缺点"也很明显，就是工艺成本太高，性价比不是很好。对于高性能运算，FinFET 是最佳选择。

在 7nm 以下，静态功耗再次成为严重的问题，功耗和性能优势也开始减少。GAA（Gate-All-Around）技术，Gate-All-Around 就是环绕栅极，相比于现在的 FinFET Tri-Gate 三栅极设计，将重新设计晶体管底层结构，克服当前技术的物理、性能极限，增强栅极控制，性能大大提升。在应用了 GAA 技术后，业内估计基本上可以解决 3nm 乃至以下尺寸的半导体制造问题。

台积电将把 FinFET 扩展到 3nm，同时将在 2024/2025 年迁移到 2nm 的 GAAFET。三星正在量产基于 FinFET 的 7nm 和 5nm 工艺，并计划在 2022 到 2023 年推出全球首个 3nm GAAFET。英特尔和其他公司也在研究 GAAFET。此前，业界盛传苹果 iPhone 14 系列智能手机将采用 3nm 工艺芯片，但最近 The Information 的一份报告显示，台积电和苹果在 3nm 工艺芯片上面临着技术挑战，这导致下一代 iPhone 将采用 4nm 工艺。据了解，苹果已经预订了台积电 3nm 工艺的所有产能，这意味着尽管 3nm 芯片的到来会有些延后，但只要台积电能第一个量产 3nm 芯片，苹果公司将会是首批应用 3nm 芯片的厂商。

三星的 GAA 技术叫作 MBCFET（多桥通道场效应管），特点是实现了栅极对沟道的四面包裹，源极和漏极不再和基底接触，而是利用线状（可以理解为棍状）或者平板状、片状等多个源极和漏极横向垂直于栅极分布后，实现 MOSFET 的基本结构和功能。

MBCFET 在很大程度上解决了栅极间距尺寸减小后带来的各种问题，包括电容效应等，再加上沟道被栅极四面包裹，因此沟道电流也比 FinFET 的三面包裹更为顺畅，器件功耗更低。

2. 国内现状

在整个芯片产业链中，我国除了上世纪七十年代起步的封测技术较为领先外，芯片设计、制造行业的整体水平还与领先国家有较大的差距。其中，在芯片设计领域，我国移动处理器设计水平与世界差距较小，其他细分领域均较为落后，缺乏高端芯片设计话语权；在制造环节中，先进制程工艺最受制约。据中芯国际官方网站介绍，其 14nmFinFET 技术于 2019 年第四季度进入量产，是中国大陆目前自主研发集成电路的最先进水平，而 2021 年 4 月台积电 3nm 工艺芯片已经进入试产，远远领先大陆水平。

中芯国际是世界领先的集成电路晶圆代工企业之一，也是中国大陆集成电路制造业领导者，拥有领先的工艺制造能力、产能优势、服务配套。中芯国际总部位于上海，拥有全球化的制造和服务基地，在上海、北京、天津、深圳建有三座 8 英寸晶圆厂和三座 12 英寸晶圆厂；在上海、北京、深圳各有一座 12 英寸晶圆厂在建中。中芯国际还在美国、欧洲、日本和中国台湾设立营销办事处、提供客户服务，同时在中国香港设立了代表处，向全球客户提供 0.35μm 到 14nm 不同技术节点的晶圆代工与技术服务，包括逻辑芯片，混合信号、射频收发芯片，高压驱动芯片，系统芯片，闪存芯片，EEPROM 芯片，图像传感器芯片、电源管理芯片等。

中芯国际第一代 14nmFinFET 技术取得了突破性进展，其研发的 FinFET 技术将主要应用于 5G、人工智能、物联网、消费电子及汽车电子等新兴领域，仍在进一步扩大公司产品和服务范围。

上海华虹集团是中国目前拥有先进芯片制造主流工艺技术的 8 英寸、12 英寸芯片制造企业。集团旗下业务包括集成电路研发制造、电子元器件分销、智能化系统应用等板块。其子公司华虹宏力的芯片制造核心业务分布在浦东金桥、张江、康桥和江苏无锡四个基地,自建设中国大陆第一条8英寸集成电路生产线起步,目前运营三条8英寸生产线、三条12英寸生产线,量产工艺制程覆盖1μm至28nm各节点,在上海金桥和张江的三座8英寸晶圆厂(华虹一厂、二厂及三厂),月产能约18万片,在北美、中国台湾、欧洲和日本等地均提供销售与技术支持。华虹集团生产的嵌入式非易失性存储器(eNVM)、功率器件、模拟及电源管理和逻辑及射频等差异化工艺平台在全球业界极具竞争力,并拥有多年成功量产汽车电子芯片的经验。

华虹宏力和国家集成电路产业投资基金股份有限公司、无锡锡虹联芯投资有限公司等在无锡高新技术产业开发区内,合资设立了华虹半导体(无锡)有限公司。其一期项目有一座月产能4万片的12英寸晶圆厂(华虹七厂),工艺节点覆盖90~65/55nm,"IC + Discrete"强大的工艺技术平台有力支持物联网等新兴领域应用。这不仅是中国大陆领先的12英寸特色工艺生产线,也是全球第一条12英寸功率器件代工生产线。华虹无锡集成电路研发和制造基地是华虹集团融入长三角一体化高质量发展战略,首次走出上海、布局全国的第一个制造业项目,在华虹二十年发展战略中具有标志性意义。

二十多年来,集团在致力于发展自主可控集成电路产业的征程上取得了多个行业第一和唯一:率先建成了中国大陆第一条8英寸集成电路生产线,建设了本土企业第一条全自动的12英寸生产线;具有唯一一家国家级集成电路研发中心;成为业界第一家,也是唯一一家连续两年建设并投产运营两条12英寸生产线的企业。

(二)存储工艺

1. 静态随机存储器工艺

静态随机存取存储器(static random access memory,SRAM)的存储单元核心是由两个反相器组成,根据这两个反相器的负载管不同,可以将SRAM存储单元的演变分为四个时期。第一个时期为SRAM发展初期,反相器对主要以双极型晶体管为负载管,其特征工艺尺寸大于3μm。第二个时期为1980年至1990年,SRAM进入发展的早期,其反相器对以多晶硅电阻为负载。相比于双极性晶体管负载,多晶硅电阻负载型SRAM存储单元面积小,可以缩小芯片的面积,此时特征工艺尺寸大于0.5μm。九十年代,多晶硅电阻负载型SRAM逐渐被淘汰,进入了SRAM存储单元发展第三个时期——采用薄膜场效应晶体管(TFT)为反相器对的负载。TFT负载型SRAM进一步缩小了存储单元的面积,其工艺进入深亚微米级即0.25μm及以下。进入深亚微米后,影响SRAM技术的因素主要为功耗、噪声容限(衡量SRAM可靠性)、单元起伏。由于CMOS型SRAM有更低的操作电压、较高的可靠性、更好的电压稳定性以及更强的可缩小性,因此在第四个时期,SRAM存储单元反相器对采用CMOS为负载。

SRAM 的市场主要与其应用有关，如 1995 年个人计算机市场和 2003 年手机市场的快速增长，都带动了 SRAM 市场份额的增长。目前，SRAM 主要生产厂商包括：赛普拉斯、英特尔、三星、Hynix、Micron 等。

2. 动态随机存储器工艺

动态随机存取存储器（dynamic random access memory，DRAM）的主要用途是作为主存，也就是我们通常所说的内存。相对于 SRAM，DRAM 需要对存储的信息不停地刷新，这也是它们之间最大的不同。

为配合 CPU 的高速发展，在近六十年的发展历史中，DRAM 技术也在不断地发展、创新。1966 年，IBM 公司的 Robert Dennard 最早提出电容存储刷新的概念。在六七十年代，最早的内存被称为增强型 DRAM（enhanced DRAM，EDRAM），它有两个特点，一是采用了一种场屏蔽结构的新型 CMOS 制造工艺，能够有效地隔离芯片上的晶体管并降低它们的结电容，使晶体管开关加速；二是在 DRAM 芯片上增加一个小容量 SRAM 高速缓冲存储器。随后，在此基础上又发展出高速缓存型 DRAM（cache DRAM，CDRAM），它是在 DRAM 芯片上增加一级更大容量的 SRAM 高速缓冲存储器以提高 DRAM 的存储速度。1982 年，CPU 进入 80286 时代，出现了最早的容量为 30Pin-256KB 内存条。1988 年，CPU 进入 386 和 486 时代，72Pin 快页模式（fast page mode，FPM）DRAM 出现并成功应用在 486 及奔腾级计算机上。但是由于数据读取和写入经过同一电路，FPM DRAM 的存取速度并不是很快。1991 年出现的外扩充数据模式（extended data out，EDO）DRAM，由于采用了全新的寻址方式，速度要比 FPM DRAM 快 15%~30%，单条内存的容量达到 4~16MB。

1997 年，随着英特尔赛扬系列以及 AMD K6 处理器的推出，内存开始进入同步动态内存（synchronous DRAM，SDRAM）时代。SDRAM 的工作原理是将 DRAM 与 CPU 以相同的时钟频率进行控制，从而使 DRAM 和 CPU 的外频同步，避免了等待时间。SDRAM 经过了从 PC66 到 PC100，再到 PC133 的发展，存储带宽达到 1GB/s。期间，英特尔还曾与 Rambus 联合推出过一种 Rambus DRAM 内存，采用了高速简单内存架构，目的是减少数据的复杂性，提高系统性能。但是由于 Rambus DRAM 工艺复杂，价格过高，因而未能成为市场主流。

但是 Rambus 双向脉冲的特点却为双倍速率（double data rate，DDR）SDRAM 出现提供了启示。DDR SDRAM 的存储原理是在相同频率的基础上，在时钟信号的上升沿与下降沿各完成一次数据采样，这使得 DDR SDRAM 的数据传输速度为传统 SDRAM 的两倍。为方便起见，也经常用 DDR 代指上述类型的 DRAM。从此，DRAM 进入 DDR 时代，演化出 DDR 到 DDR5 的多种标准。

DDR 标准最早由三星公司于 1996 年提出。2004 年，AMD 的速龙 64 处理器引领整个内存产业进入到 DDR2 的时代。DDR2 将数据预取位数提升至 4n（n 代表芯片位宽），数据传输速率相比DDR再次翻倍，达到最大1066Mbps，电压降至1.8V。随着第一代酷睿i7处理器的问世，内存的升级也在持续。第三代DDR3进一步将预取位数提升至$8n$，内存数据传输速率达到系统时钟频率的8倍，相较于DDR2再次翻番。与此同时，由于预取位数的增加，其延迟也进一步升高，DDR3的延迟值一般在9～11，相较于DDR2翻了一番。

DDR4是目前最常用的内存规格。相比DDR3有三点改进：一是数据传输速度为系统时钟频率的16倍，同样内核频率下理论速度是DDR3的两倍；二是具有更可靠的传输规范，数据可靠性得以提升；三是工作电压从DDR3的1.5V降至1.2V，功耗更低。需要指出的是，在内部时钟频率无法大幅提升的情况下，DDR4并没有增加预取位数，而是通过提升内存核心的内存库（Bank）数量变相提高了数据吞吐率，每一个Bank都包含一个$8n$预取缓冲器，并通过一个多路复用器输出。这使得其数据传输频率从DDR3的1～2.4Gbps大幅提升到2.1～4.8Gbps。第一款DDR4由三星电子于2011年1月4日宣布研发完成，并采用30nm级工艺制造了首批样品。从最初的单倍数据速率（single data rate，SDR）SDRAM传输到现在的DDR4，DRAM内存的数据传输性能已经有了接近25倍的提升，电压也降到了接近原来的三分之一。

随着应用的多样化，DDR也逐渐演变出针对移动平台的低功耗双倍数据传输率（low power double data rate，LPDDR）和针对图像应用的图形用双倍数据传输率（graphics double data rate，GDDR）两种不同的分支。2009年4月，固态技术协会（JEDEC）首次公布了LPDDR2标准，并在2013年6月进行更新。这一标准可以提高内存密度，改善性能，缩小体积，降低功耗。相比于DDR多采用内存条的产品形式，LPDDR通常直接与处理器集成在一起或直接焊接在主板上，其与处理器的通信距离更短。其次，LPDDR没有固定的总线宽度，并且通常使用32位的总线，比DDR位宽更窄，功耗更低。此后，随着智能手机的蓬勃发展，2012年5月JEDEC又发布了LPDDR3标准，2014年8月推出了LPDDR4标准，将读写速率提升到了LPDDR3的两倍，即4266Mbps。2017年3月，更新了LPDDR4X标准，将供电电压从1.1V降到了0.6V，大幅降低了功耗。目前，LPDDR5标准还未正式发布，从2020年1月JEDEC的更新来看，其传输速率将达到6400Mbps。

在图像应用方面，为满足高带宽应用需求，可以通过牺牲一定的延迟性能而提升带宽。现在主流的GDDR5标准是在DDR3上演变而来，采用双向数据滤波控制（data pin strobe，DPS）并行设计，同时数据传输时钟与控制时钟分离，相比DDR3在数据带宽上取得了进一步的提升。2016年，JEDEC在GDDR5基础上又推出了GDDR5X，将预取数据位宽提升至16位，同时采取四倍数据倍率（quad data rate，QDR）技术。与GDDR5利用两条数据总线实现等效QDR技术不同，GDDR5X在实现QDR时利用给时钟添加相位偏差的方法，将原本的时钟分为四个相差1/4的同频率时钟，利用这四个同频时钟的上升沿传输数据，实现了四倍数据传输速率。

此外，在高带宽领域还衍生出了 3D 堆叠的 HBM（高带宽显存）和混合内存立方体（hybrid memory cube，HMC）技术。二者从本质上来说都是将内存从平面转向 3D 立体，原理上都是基于硅穿孔工艺的堆栈内存，但是接口上并不兼容。HBM 是三星电子、超微半导体和 SK 海力士发起的一种基于 3D 堆栈工艺的高性能 DRAM，适用于高存储器带宽需求的应用场合，比如图形处理器、网络交换及转发设备（如路由器、交换器）等。首款使用 HBM 的设备是 AMD Radeon Fury 系列显示核心。2013 年 10 月，HBM 存储器正式被 JEDEC 采纳为业界标准。第二代高带宽存储器（HBM2）于 2016 年 1 月被 JEDEC 采纳。NVIDIA 在该年发表的新款旗舰型 Tesla 运算加速卡 –Tesla P100 中也采用了 HBM2。HMC 是由美光公司与英特尔共同开发，采用层叠式内存芯片配置，形成紧凑的"立方体"。它可以分为三个层次 – 顶部的是堆栈的 DRAM 核心，中间是逻辑层，最下面则是封装层，并使用高效的全新内存接口。HMC 相比 HBM 的优势，在于既可以做近场内存，也可以作为远场内存，部署更加灵活。二者最大的区别在于 HBM 与 GDDR 相似，专注于提升 GDDR 的带宽，使用更多的并行互连；而 HMC 更加注重容量的提升，并且不使用 DDR 信号，使用内存包进行处理器和内存之间的高速串行数据传输，能够在有限的互联条件下实现更大的容量。需要注意的是，HBM 与 HMC 在制造工艺上需要多片晶圆通过 TSV（硅通孔技术）进行堆叠封装，并不是在同一片晶圆上进行存储单元的 3D 堆叠，不能从根本上降低单位存储成本，这一点与 3D NAND Flash 有根本不同。

DRAM 的制造工艺直接决定了产品的成本和功耗。由于存储器属于标准化产品，成本是其最主要的竞争力。更小的工艺节点可以获得更高的存储密度，同时缩小芯片面积，使得每片晶圆能够产出更多的芯片颗粒，从而降低单颗所对应的成本。另外，更小的芯片面积也同时意味着更小的功耗。因此，和逻辑电路类似，DRAM 的工艺制程发展也是在不断地追求更小的制程节点。

目前，长鑫存储推出的首颗国产 19nm DDR4 DRAM 已实现量产。DDR4 内存芯片是第四代双倍速率同步动态随机存储器。相较于上一代 DDR3 内存芯片，DDR4 内存芯片拥有更快的数据传输速率、更稳定的性能和更低的能耗。长鑫存储技术有限公司自主研发的 DDR4 内存芯片满足市场主流需求，可应用于 PC、笔记本电脑、服务器、消费电子类产品等领域。

作为一体化存储器制造商，长鑫存储专业从事动态随机存取存储芯片（DRAM）的设计、研发、生产和销售，目前已建成第一座 12 英寸晶圆厂并投产。长鑫存储研发的 DRAM 产品广泛应用于移动终端、电脑、服务器、虚拟现实和物联网等领域，市场需求巨大并持续增长。

3. 闪存工艺

闪存，通常也被称为 flash memory 或者 flash，是一种特殊的、允许在工作中被多次擦写的只读存储器。闪存发展很快，其优点包括存储密度高、成本低、非易失性、快速（读取，而非写入）以及电可擦除等。这些优点使闪存广泛地运用于各个领域，包括嵌入式系统，如手机、电信交换机、蜂窝电话、网络互联设备、仪器仪表、汽车器件、数字相机、数字录音机等。作为一种可编程只读存储器，闪存在系统中通常用于存放程序代码、常量表以及一些在系统掉电后需要保存的用户数据等。

根据存储阵列结构不同，闪存主要分为三类：与非（NAND）型、或非（NOR）型和AG-AND型三种。其中，NOR型和NAND型是市场上两种主要的闪存技术。

从应用的角度分析，NOR闪存主要用于嵌入式存储；而NAND闪存主要用于大规模独立式数据存储。基于NAND闪存的固态硬盘（Solid State Disk，SSD）正逐渐替代机械硬盘成为主流的外部存储器，拥有十倍于NOR闪存的市场空间，在服务器、手机、U盘、存储卡等应用中大量使用。闪存的概念最早是1984年由日本东芝公司的桀冈富士雄博士提出的，其特点为非易失、记录速度快。1988年，英特尔公司推出了一款256Kb NOR闪存芯片，结合了EPROM和EEPROM两项技术，并拥有一个SRAM接口，成为世界上第一个量产Flash存储芯片的公司。随后，东芝公司在1989年提出了NAND闪存的结构。由于其内部采用非线性宏单元模式，具有容量大，擦写速度快等优点，NAND闪存为固态大容量存储提供了廉价有效的解决方案，因而得到了越来越广泛的应用。

从二者的性能比较来看，NAND闪存具有更快的擦写时间，更小的存储单元面积，更高的存储密度与更低的成本。但需要指出的是，NAND闪存并不是完美的，它的I/O接口并没有随机存取功能，因此必须搭配相应的控制模块，以区块（Block）的方式进行读写，典型的区块大小是数百至数千比特。由于大数据时代带来的日益增长的数据存储需求，NAND闪存技术的研发和应用得到飞速发展。类似于描绘CMOS器件密度增长的摩尔定律，黄定律（Hwang's law）揭示了NAND闪存的存储密度增长趋势。

在二十世纪九十年代初期，闪存技术一直是基于二维平面结构的单层单元，制造工艺从微米级别逐步进入纳米级别。SLC NAND Flash的市场被三星、东芝等公司占据，而英特尔公司在SLC NOR闪存上占据市场较大份额。多层单元最早是英特尔在1997年9月研发成功，通过使用大量的电压等级，每个单元储存两位数据，数据密度相当于SLC架构芯片的二倍。2009年，三层式单元由东芝公司研发成功，制造成本进一步降低。之后三星也迅速加入，使得整个TLC NAND Flash技术大量应用于终端产品上。三层式单元NAND闪存虽然储存容量增加，成本更低，但数据所需访问时间变长，传输速度更慢。四层式单元拥有比三层式更高的存储密度，同时成本更低，可以在相同的存储空间中集成更大的存储容量。但是随着电压状态的增多，控制难度也加大。因此采用四层式颗粒的SSD，虽然容量更大价格更便宜，但是稳定性较差，并且寿命较低。

2016年以来，3D NAND闪存已经成为主流，国际大厂纷纷投入人力和物力进行研发。从制造能力来看，国际大厂分为四个阵营，三星、铠侠（原东芝）、西部数据、SK海力士和美光。三星为IDM厂商，具备3D NAND闪存的完整量产能力，被公认为技术最先进的厂商。西部数据凭借收购闪迪进入NAND闪存领域，由于闪迪为纯设计企业，没有自身的制造能力，其产品制造依靠铠侠代工。英特尔和美光采取合作研发模式，因此通常被划分至一个阵营。

我国企业长江存储也已经具备3D NAND闪存的制造能力。长江存储采用独有的Xtacking技术，即将3D NAND闪存的存储单元和逻辑控制单元在两片硅片上分别制造，再通过TSV技术将两片硅片叠在一起。这一技术的优点在于能够根据存储单元和逻辑单元的不同特点选择不同的制造工艺，同时也实现了高带宽，随着3D NAND闪存层数的不断增长，Xtacking技术的成本及其他优势也将逐渐显现。

长江存储是一家专注于3D NAND闪存设计制造一体化的IDM集成电路企业，同时也提供完整的存储器解决方案。2017年10月，长江存储通过自主研发和国际合作相结合的方式，成功设计制造了我国首款3D NAND闪存。2019年9月，搭载长江存储自主创新Xtacking架构的第二代三层式3D NAND闪存正式量产。2020年4月，长江存储宣布第三代三层、四层两款产品研发成功，其中X2-6070型号作为首款第三代四层闪存，拥有发布之时最高的IO速度，最高的存储密度和最高的单颗容量。在Xtacking晶栈架构推出前，市场上的3D NAND主要分为传统并列式架构和CuA（CMOS under Array）架构。长江存储通过创新布局和缜密验证，经过长达八年在3D IC领域的技术积累和两年的研发验证后，终于将晶圆键合这一关键技术在3D NAND闪存上实现。在指甲盖大小的面积上实现数十亿根金属通道的连接，合而为一成为一个整体，拥有与同一片晶圆上加工无异的优质可靠性，这项技术为未来3D NAND带来更多的技术优势和无限的发展可能。随着层数的不断增高，基于Xtacking晶栈所研发制造的3D NAND闪存将更具成本和创新优势。

从目前情况看，NAND闪存仍将延续更多的堆叠层数和更多的单元存储比特数方向发展。存储单元方面，能够存储五比特信息的PLC颗粒已经研发成功。值得注意的是，NAND Flash的存储单元并非是简单的替代关系，层数越少性能越好，但存储容量越低，成本越高。因此，不同的存储单元将会同时存在并满足不同的应用需求。PLC将会进一步降低SSD价格并提升总容量，而在高性能领域MLC甚至SLC都将同时存在。堆叠层数方面，三星正在加速开发160层堆叠3D NAND闪存，未来NAND闪存的容量将随着堆叠层数的提升进一步提高。

（三）特色工艺

1. 磁性存储器工艺

现有的多级存储架构虽然在一定程度上解决了存储器速度和容量以及非易失性之间的矛盾，但随着制造工艺水平的提高，半导体纳米器件尺寸的微缩，传统半导体存储器件上所能存储的电荷总数也随之减少，这将在物理层面带来严重的问题：第一，漏电流变得更高；第二，电荷总数的微小扰动会带来更大的影响；第三，纳米尺度下的加工过程会遇到工艺扰动的挑战。此外，在计算架构层面，由于现有的半导体存储器之间性能差距太大，在缓存与内存、内存与外存之间形成了一个由上下两级读取速度差产生的"存储墙"，严重制约计算机性能及计算能效的进一步提升。同时，近年来，物联网、人工智能等数据密集型应用的兴起加剧了"存储墙"对半导体存储器整体性能的影响。

为解决上述问题，在传统半导体存储器的范畴内主要有两种解决方案，一种方案是缩短内存和处理器之间的数据传输距离，增加片上缓存容量，采用近存计算或者存算一体的新型计算范式，例如苹果公司的 M1 芯片采用了先进的包含片外内存的系统级封装方法，将片上存储容量提高了六倍。另一种方案是采用三维堆叠技术增大存储容量，例如 HBM 技术和 3D NAND 闪存等。但是，这两种技术的设计复杂度和制造成本都非常高，在未来数据规模持续增加的背景下，需要打破基于电荷存储的原理约束，探索基于不同物理机制的新型存储器。在此背景下，以磁性存储器（MRAM），阻变存储器（RRAM），相变存储器（PCM）和铁电存储器（FeRAM）为代表的新型非易失性存储器件受到业界的广泛关注。由于存储的原理不同，这些新型非易失性存储器在功耗、读写性能、访问速度和寿命上具有不同的特点。电子具有质量、电荷和自旋三个内在的属性。但长期以来，只有电子的电荷属性被应用于存储器件，而自旋属性则往往被忽视。在传统的半导体存储器件中，可以利用电场移动电荷，利用电容存储电荷。人们所熟知的自旋属性的应用则是在传统磁存储技术中，人们利用电子自旋的磁场来读取和写入数据。这种状况随着 1988 年分别由 Albert Fert 教授和 Peter Grünberg 教授分别独立发现巨磁阻效应（giant magnetoresistance，GMR）而发生改变。从此之后，自旋电子学为电子的自旋属性在人类社会生活中的应用打开了一扇新的大门。三十多年以来，随着隧穿磁阻（tunnel magnetoresistance，TMR）效应等基础理论的完善和磁控溅射等微纳加工技术的进步，自旋电子学在传感、存储及射频等领域都得到了广泛的应用。

MRAM 正是基于自旋电子学而发展起来的一种新型存储器。MRAM 最突出的特征就是利用电子自旋方向的差异实现数据存储，并具有非易失性。MRAM 的核心器件是磁隧道结（magnetic tunneling junction，MTJ），由包含铁磁层/金属氧化层（隧穿层）/铁磁层的"三明治"结构组成，典型的如 CoFeB/MgO/CoFeB 型 MTJ。MTJ 中一个铁磁层的磁场极化方向是可改变的，称为自由层，而另外一个是固定的，称为固定层，通过改变自由层的自旋极化方向，可以得到两个不同的电阻状态，从而存储一比特数据。根据铁磁层薄膜易磁化轴方向，可以将 MTJ 分为面内磁各向异型和垂直磁各向异型两类。根据 MTJ 写入方式的不同可以将 MRAM 分成不同的种类，当前主流的写入方式是通过注入电流引起的自旋转移矩（spin transfer torque，STT）效应。电流从固定层流向自由层时，首先获得与固定层磁化方向相同的自旋角动量。随后该自旋极化电流进入自由层时，与自由层的磁化相互作用，导致自旋极化电流的横向分量被转移。由于角动量守恒，被转移的横向分量将以力矩的形式作用于自由层，迫使它的磁化方向与固定层接近，该力矩被称为自旋转移矩。同理对于相反方向的电流，固定层对自旋的反射使自由层磁化获得相反的自旋转移矩。STT-MRAM 的基本存储单元由一个 MTJ 与一个访存晶体管构成，称为 1T1M 结构。

  MRAM 被认为是后摩尔时代极具潜力的非易失性存储器解决方案。经过近二十年的学术研究，2006 年，美国 Everspin 公司商业化第一片基于磁场驱动的 Toggle-MRAM，从此掀起了 MRAM 的产业发展热潮。但是，基于磁场驱动的 MRAM 相对集成密度较低、动态功耗较大、可扩展性较差，因此应用空间与潜力受限。为了解决这些问题，学者们开始研究新型驱动机制在 MRAM 中的应用。2012 年，Everspin 公司发布第一片基于 STT-MRAM 存储芯片。STT-MRAM 直接采用电流进行驱动，相比基于磁场驱动的 Toggle-MRAM，STT-MRAM 的集成度较高、动态功耗较小、可扩展性更好。从 2016 年开始，各大半导体厂商，例如三星、东芝、台积电、IBM、TDK、霍尼韦尔、飞思卡尔、Crocus、GlobalFoundries 等，纷纷斥巨资进行 STT-MRAM 芯片研发。相关初创公司也不断成立，例如 Avalanche、eVaderis、Spin Transfer Technologies、Inston 等。2017 年是 STT-MRAM 产业化进程当中非常重要的一年，三星、台积电、Global-Foundries 相继宣布 2018 年嵌入式 STT-MRAM 的产业化量产制程。从 2019 年开始，基于 STT-MRAM 的 22nm 芯片已成为报道的热点，如英特尔于 2019 年国际固态电路会议（International Solid-State Circuits Conference, ISSCC）上公布的基于鳍式场效应晶体管（FinFET）工艺的 22nm STT-MRAM 芯片；台积电（TSMC）于 2020 年的 ISSCC 上公布的基于 22nm 超低漏电流（Ultra-low-leakage, ULL）技术的 STT-MRAM 芯片等。我国在 STT-MRAM 芯片的产业研究方面与国外研究单位有一定差距，但也不甘落后，例如，中电海康 - 驰拓、上海磁宇、致真存储（北京）、上海亘存等也纷纷加入 MRAM 的产业化进程当中。经过近十年的发展，STT-MRAM 的技术水平已经有了长足进步，存储容量已从最初的 64Mb 发展到 2019 年的 1Gb。

  2019 年 3 月，三星宣布采用 28nm FD-SOI 工艺量产嵌入式磁存储器（eMRAM）。2021 年初，三星宣布显著提高了 MRAM 核心器件 MTJ 的性能，并将扩大量产。2021 年 10 月，三星宣布采用 14nm 工艺制造高速、高密度 eMRAM。eMRAM die 比 SRAM 小 40%，比 eFlash 快 1000 倍，写入前不需要擦除操作，总功耗只有 eFlash 的 1/400。应用于图像传感器（CIS）、IoT、可穿戴设备等产品。StrategyAnalytics 公布的全球智能手机传感器分析报告显示，2020 年上半年，索尼占 44% 为全球第一，三星占 32%，紧随其后。

  目前，国内的驰拓科技也推出了基于并行接口、串行接口以及 DDR4 的成熟 STT-MRAM 产品。驰拓科技专注于存储芯片及相关芯片的设计、制造，面向物联网、智传终端、工业控制及汽车电子领域提供半导体芯片和应用解决方案。

  在工控领域中，驰拓科技推出的 MRAM 产品能够实现存储一些重要数据，如配置，校准，组态等数据；在一个控制周期内（10ms～1s），存储数据可达 100K 字节；同时能够以较快的读写速度使这些数据在一个周期内写入。除了性能外，MRAM 还允许无电池的生态设计。驰拓科技也将 MRAM 产品应用于智能电表中，能够实现在恶劣环境下长期工作及长时间保留数据。

虽然 STT-MRAM 受到工业界和学术界的广泛关注，但是该技术也面临着亟待克服的性能瓶颈，其中一个关键的问题是 STT-MRAM 的存储单元为两端口器件，因此读操作和写操作需要共用一个电流通路。由于 MTJ 势垒层 MgO 的厚度一般不超过 1 nm，因此在反复的读写操作电流的作用下会逐渐老化甚至被击穿，这一问题在高速缓存等以读写速度为核心的应用中尤为突出。为解决这一问题，学术界提出基于自旋轨道矩（spin orbit torque，SOT）的写入方式，通过在 MTJ 自由层下方增加一条由铂、钽、钨等重金属制备的薄膜，利用流经其中的电流引发力矩以驱动自由层的磁化翻转。相比于 STT 效应，SOT 效应的产生机理较为复杂，学术界尚未有一个统一的结论。一般认为 SOT 效应的产生可以归因于界面拉什巴效应（Rashba effect）、自旋霍尔效应（spin Hall effect，SHE）或二者兼有。SOT-MRAM 有望实现亚纳秒级别的数据写入速度，且写入路径与读取路径相互分离，便于读写性能的独立优化，目前已成为学术界研究的重点。为降低 STT-MRAM 写入过程中的动态功耗，学术界提出了基于电压调控磁各向异性（voltage control of magnetic anisotropy，VCMA）的写入方式，通过施加电压来降低数据写入时的垂直磁各向异性和热稳定性，使得数据写入时 MTJ 中没有电流流过。VCMA-MRAM 无须晶体管提供较大的驱动电流，从而可以减小晶体管尺寸，增大存储密度，因此也是目前自旋电子领域重要研究方向。

在上述研究的基础上，为充分发挥以上三种 MRAM 各自的优势，学术界又提出了多种复合写入型 MRAM 器件原型：①基于 STT 与 SOT 协同翻转效应的 TST-MRAM 是在写入数据前，先利用 SOT 效应进行数据擦除操作，然后采用 STT 效应实现被选位元的数据写入；②基于 VCMA 辅助 SOT 翻转的 VCSOT-MRAM 器件利用 VCMA 效应降低 MTJ 的翻转势垒和翻转时间，进一步通过 SOT 电流提高 MTJ 的能量利用效率。其中 TST-MRAM 已经被国际知名芯片代工厂 Global Foundries 列入 MRAM 的技术路线图中，未来有望进入量产阶段。除此之外，还有基于磁畴壁（domain wall）和斯格明子（skyrmion）的赛道存储器等下一代磁存储技术也在研究当中。

2. 其他特色工艺

中芯国际提供 0.35μm 到 14nm 制程工艺设计和制造服务，包括逻辑电路、混合信号或 CMOS 射频电路、高压电路、系统级芯片、闪存内存、EEPROM、影像传感器，以及硅上液晶微显示技术。例如，中芯国际的电源和模拟技术基于现有的低功耗逻辑平台可提供模块架构，为模拟和电源应用提供了较低的成本和优越的性能。该技术包括双极晶体管、高压 LDMOS 晶体管、精密模拟无源器件和 eFuse/OTP/MTP 非易失性存储器，同时提供有竞争力的 Rds（on）功率器件。中芯国际的 8 英寸厂拥有世界级的缺陷管控，可和全球的合作伙伴一起提供完整的一站式服务。这些技术已经主要集中在 0.35μm、0.18μm 和 0.15μm

等技术节点上，并具有业界领先的模拟和功率器件。除此之外，IGBT 也是中芯国际的一项特殊工艺。IGBT 是一种新型电力半导体器件的平台性器件，具有高输入阻抗，低导通压降，驱动电路简单，开关速度快，电流密度大等优点。中芯集成电路制造（绍兴）有限公司是中芯国际的合资公司。IGBT 平台从 2015 年开始建立，着眼于最新一代场截止型（field stop）IGBT 结构，采用业界最先进及主流的背面加工工艺，包括 Taiko 背面减薄工艺、湿法刻蚀工艺、离子注入、背面激光退火及背面金属沉积工艺等。已完成整套深沟槽（deep trench）、薄片（thin wafer）加场截止（field-stop）技术工艺的自主研发，并相应推出 600～1200V 等器件工艺，技术参数可达到业界领先水平。

华虹集团是中国目前拥有先进芯片制造主流工艺技术的 8 英寸、12 英寸芯片制造企业，具有射频、BCD、超低功耗、数模混合和 MEMS 等领先的特色工艺技术。华虹半导体成功将三大自主特色工艺平台——嵌入式非易失性存储器（eNVM）、电源管理（PMIC）以及功率器件（Power Discrete）从 8 英寸拓展到 12 英寸，众多客户已进入量产阶段。90nm 和 55nm eFlash 工艺平台采用自主研发的 NORD-Flash 技术，具有低功耗、高可靠性、IP 面积小等特点，已经获得了国内外众多客户的认同和高度评价。华虹半导体的 90nmBCD 工艺拥有更佳的电性参数，并且得益于 12 英寸制程的稳定性，良率优异，为电机驱动、数字电源、数字音频功放等芯片应用提供了更具竞争力的制造解决方案。公司的 Power Discrete 产品在 12 英寸已通过车规级产品验证，各项电性参数均保持优异水平。

华虹旗下的上海华力成立于 2010 年。上海华力拥有先进的工艺制程和完备的解决方案，量产工艺技术覆盖 65/55nm、40nm 和 28/22nm 技术节点，工艺类型包括逻辑以及射频、高压、嵌入式闪存、超低功耗、NOR 闪存和图像传感器等特色工艺平台，丰富的工艺技术全面应用于手机通信、消费类电子、物联网及汽车电子四大终端产品市场。上海华力致力于为设计公司、IDM 公司及其他系统公司提供一站式芯片制造技术服务，已成为行业内领先的集成电路芯片制造企业。

目前，上海华力负责运营华虹五厂、华虹六厂两座 12 英寸全自动晶圆厂。华虹五厂是中国大陆第一条 12 英寸全自动集成电路芯片制造生产线，月产能 3.8 万片；华虹六厂设计月产能 4 万片，于 2018 年 10 月建成投片。上海华力总部位于上海张江科学城，并在美国、日本、中国台湾等国家和地区设有办事处，为全球客户提供销售服务与技术支持。

士兰微电子建在杭州钱塘新区的集成电路芯片生产线目前实际月产出达到 22 万片，在小于或等于 6 英寸的芯片制造产能中排在全球第二位。公司 8 英寸生产线于 2017 年投产，成为国内第一家拥有 8 英寸生产线的民营 IDM 产品公司，8 英寸线月产能已达 6 万片。2021 年底，公司 12 英寸特色工艺晶圆生产线月产能已达 4 万片，先进化合物半导体制造生产线月产能已达 7 万片。公司的技术与产品涵盖了消费类产品的众多领域，在多个技术领域保持了国内领先的地位，如绿色电源芯片技术、MEMS 传感器技术、LED 照明和屏显技术、高压智能功率模块技术、第三代功率半导体器件技术、数字音视频技术等。同时利用公司在多个芯片设计领域的积累，为客户提供针对性的芯片产品系列和系统性的应用解决方案。目前的产品和研发投入主要集中在以下三个领域：①基于士兰芯片生产线高压、高功率、特殊工艺的集成电路、功率模块（IPM/PIM）、功率器件及（各类 MCU/专用 IC 组成的）功率半导体方案；②MEMS 传感器产品、数字音视频和智能语音产品、通用 ASIC 电路；③光电产品及 LED 芯片制造和封装（含内外彩屏和 LED 照明）。

华润微电子有限公司是华润集团旗下负责微电子业务投资、发展和经营管理的高科技企业，曾先后整合华科电子、中国华晶、上华科技、中航微电子等中国半导体企业，经过多年的发展及一系列整合，公司已成为中国本土具有重要影响力的综合性半导体企业，自 2004 年起多年被工信部评为中国电子信息百强企业。公司是中国领先的拥有芯片设计、晶圆制造、封装测试等全产业链一体化运营能力的半导体企业，目前公司主营业务可分为产品与方案、制造与服务两大业务板块，公司产品设计自主、制造过程可控，在分立器件及集成电路领域均已具备较强的产品技术与制造工艺能力，形成了先进的特色工艺和系列化的产品线。

无锡华润上华科技有限公司隶属其代工事业群，在我国模拟晶圆代工行业处于领先地位，有逾二十年服务客户的经验。华润上华，为国内外客户提供主流和成熟工艺技术的晶圆代工服务，是目前国内特种工艺平台的主要提供者，拥有 8 英寸晶圆月产能 6.5 万片，6 英寸晶圆月产能逾 20 万片，可为客户提供更丰富的工艺平台与代工服务。

（四）发展策略建议

目前我国基本具备了中低端逻辑芯片、中低端存储芯片、中低端模拟芯片的工艺制造能力。逻辑芯片制造领域，中芯国际利用现有 DUV 设备开发的"N+1""N+2"两种工艺已经在 14nm 制程上有了全方位的进步，距离 7nm 工艺标准仅一步之遥，结合中芯国际 2021 年初与 ASML 签订光刻机采购大单来看，虽然高端 EUV 光刻机短期内仍无法进口，但其基于 DUV 光刻机的 14nm 和准 7nm 产能将进一步扩大，以满足内需。

存储芯片制造方面，紫光在国内有多个芯片制造厂在建，主要生产 DRAM 芯片；合肥长鑫也在中高端 DRAM 芯片制造技术上持续研发，已经突破 19nm 制程，基本能够进行中端 DRAM 芯片的制造。在模拟芯片制造领域，华润微电子、士兰微电子、华虹微电子等企业已经拥有设计、生产、封装流程经验，目前华虹正在筹划扩建无锡芯片制造厂，华润微电子在重庆的基地也计划扩产，在模拟芯片制造产能方面未来将出现不小的提升。

在 14nm 及更成熟的工艺范围内，中国大陆的芯片制造企业将会受益于国产化替代的浪潮，拥有来自国内芯片设计企业的源源不断的订单，其销售收入的增长将与产能的提升同趋势增长，在很长的一段时间内，国内芯片制造企业会处于产能不足的情况下。芯片制造企业如果能够抓住这一有利的市场环境，利用充足的资金储备投入先进工艺制程的研发，尽快解决技术瓶颈，将有助于我国芯片行业摆脱产能和制造的束缚，实现整体飞跃式的发展。

目前，整个集成电路产业急需材料及器件领域的原始创新，我国应重视材料及器件领域的基础研究及应用基础研究。从国际集成电路工艺技术发展历程可以看出，每一次技术突破都来源于材料及器件领域的革命性创新。我国在先进逻辑工艺等领域相对落后，此外，在芯片材料方面，我国的大尺寸硅片、光刻胶、掩膜板制造技术与目前的芯片设计水平还存在差距，许多门类的材料不能满足国内企业生产制造需求，需要依赖进口。因此，更应该抓住"后摩尔时代"技术变革这个关键机遇，在材料及器件领域的基础研究及应用基础研究持续投入，从而实现关键技术突破。此外，特色工艺（例如磁性存储器）领域对工艺节点要求不高，具有广泛的新兴应用场景，可重点关注。

参考文献

[1] FLAGELLO D G, BRUNING J H. Optical lithography: 40 years and holding [Z]. Optical Microlithography XX. 2007.10.1117/12.720631.

[2] C. M. Milestones in optical lithography tool suppliers [J]. 2005.

[3] STIX G. Shrinking Circuits with Water [J]. Scientific American, 2005 (293): 64-67.

[4] 郭乾统, 李博. 基于光刻机全球产业发展状况分析我国光刻机突破路径 [J]. 集成电路应用, 2021, 38 (9): 1-3.

[5] CARDINEAU B, DEL RE R, MARNELL M, et al. Photolithographic properties of tin-oxo clusters using extreme ultraviolet light (13.5nm) [J]. Microelectronic Engineering, 2014, 127: 44-50.

[6] 韦亚一. 超大规模集成电路先进光刻理论与应用 [M]. 科学出版社, 2016.

[7] MA X A G R. Computational lithography [M]. John Wiley & Sons, 2011.

[8] CHEN G, LI S, WANG X. Efficient optical proximity correction based on virtual edge and mask pixelation with two-phase sampling [J]. Opt Express, 2021, 29 (11): 17440-63.

[9] XIAOQING XU T M, SHIGEKI NOJIMA† TOSHIYA KOTANI†, D Z P. A Machine Learning Based Framework for Sub-Resolution Assist Feature Generation [J]. 2016.

[10] LI S, WANG X, BU Y. Robust pixel-based source and mask optimization for inverse lithography [J]. Optics & Laser Technology, 2013 (45): 285-293.

[11] WAGNER C, HARNED N. Lithography gets extreme [J]. Nature Photonics, 2010, 4 (1): 24-26.

[12] FOMENKOV I, BRANDT D, ERSHOV A, et al. Light sources for high-volume manufacturing EUV lithography: technology, performance, and power scaling [J]. Advanced Optical Technologies, 2017, 6 (3-4): 173-186.

[13] KYRALA G A, RICHARDSON M C, GAUTHIER J-C J, et al. High-efficiency tin-based EUV sources [Z]. Laser-Generated and Other Laboratory X-Ray and EUV Sources, Optics, and Applications. 2004.10.1117/12.514083.

[14] CARDINEAU B, DEL RE R, MARNELL M, et al. Photolithographic properties of tin-oxo clusters using extreme ultraviolet light (13.5nm) [J]. Microelectronic Engineering, 2014 (127): 44-50.

[15] 叶志镇, 吕建国, 吕斌. 半导体薄膜技术与物理 [M]. 浙江大学出版社, 2014.

［16］ 萧宏. 半导体制造技术导论［M］. 电子工业出版社，2013.

［17］ 张亚非. 半导体集成电路制造技术［M］. 高等教育出版社，2006.

［18］ 曹健. PECVD 的原理与故障分析［J］. 电子工业专用设备，2015（2）：4.

［19］ Di W U .Application and Development of Physical Vapor Deposition Technology［J］. Mechanical Engineering & Automation，2011.

［20］ 周乔君. 热力膨胀阀氦质谱自动检漏系统的研制［D］. 中国计量学院，2014：87.

［21］ 吴宜勇，李邦盛，王春青. 单原子层沉积原理及其应用［J］. 电子工业专用设备，2005，34（6）：6.DOI：10.3969/j.issn.1004-4507.2005.06.003.

［22］ 迈克尔·A.力伯曼，阿伦·J.里登伯格. 等离子体放电原理与材料处理［M］. 科学出版社，2007.

［23］ 张海洋. 等离子体蚀刻及其在大规模集成电路制造中的应用［M］. 清华大学出版社，2018.

［24］ Tamura H，Tetsuka T，Kuwahara D，et al. Study on uniform plasma generation mechanism of electron cyclotron resonance etching reactor［J］. IEEE Transactions on Plasma Science，2020，48（10）：3606-3615.

［25］ Fang C，Cao Y，Wu D，et al. Thermal atomic layer etching：Mechanism，materials and prospects［J］. Progress in Natural Science：Materials International，2018，28（6）：667-675.

［26］ 朱晶. 半导体零部件产业现状及对我国发展的建议［J］. 中国集成电路，2022，31（4）：10-17，36. DOI：10.3969/j.issn.1681-5289.2022.04.002.

［27］ 张晴晴. 北京市半导体装备产业发展现状与对策分析［J］. 集成电路应用，2021，38（1）：6-7.DOI：10.19339/j.issn.1674-2583.2021.01.003.

［28］ 赵巍胜，潘彪，尉国栋. 集成电路科学与工程导论（第 2 版）［M］. 人民邮电出版社，2022.

［29］ Fang C，Cao Y，Wu D，et al. Thermal atomic layer etching：Mechanism，materials and prospects［J］. Progress in Natural Science：Materials International，2018，28（6）：667-675.

［30］ 于燮康. 中国集成电路封测产业链技术创新路线图［M］. 电子工业出版社，2013.

［31］ N. Pearce，Li Zhou，P. Graves，H. Takeo 和 T. Romig，《Production implant monitoring using the Therma-Probe 500》，收入 Proceedings of 11th International Conference on Ion Implantation Technology，Austin，TX，USA：IEEE，1997，页 206-209. doi：10.1109/IIT.1996.586185.

［32］ 陈修国，王才，杨天娟，等. 集成电路制造在线光学测量检测技术：现状、挑战与发展趋势［J］. 激光与光电子学进展，2022，59（9）：413-436.

［33］ 乐光启，聂云刚. 热波检测及热波成像系统的实验研究［J］. 清华大学学报（自然科学版），1993（4）：93-100. doi：10.16511/j.cnki.qhdxxb.1993.04.018.

［34］ MEMS materials and processes handbook［M］. Springer Science & Business Media，2011.

［35］ Zhang Z，Cui J，Zhang J，et al. Environment friendly chemical mechanical polishing of copper［J］. Applied Surface Science，2019（467）：5-11.

［36］ Zhang Z，Liao L，Wang X，et al. Development of a novel chemical mechanical polishing slurry and its polishing mechanisms on a nickel alloy［J］. Applied Surface Science，2020（506）：144670.

［37］ Xie W，Zhang Z，Liao L，et al. Green chemical mechanical polishing of sapphire wafers using a novel slurry［J］. Nanoscale，2020，12（44）：22518-22526.

［38］ Lee H，Lee D，Jeong H. Mechanical aspects of the chemical mechanical polishing process：A review［J］. International journal of precision engineering and manufacturing，2016，17（4）：525-536.

［39］ Zhao G，Wei Z，Wang W，et al. Review on modeling and application of chemical mechanical polishing［J］. Nanotechnology Reviews，2020，9（1）：182-189.

［40］ Tseng W T，Wu C，Hagan J，et al. Microreplicated CMP pad for RMG and MOL metallization［C］//2017 IEEE International Interconnect Technology Conference（IITC）. IEEE，2017：1-3.

［41］ Tseng W T，Mohan K，Hull R，et al. A microreplicated pad for tungsten chemical-mechanical planarization［J］.

［42］ Coherent Market Insights, Hard Chemical-Mechanical Polishing（CMP）Pad Market Size to Record Substantial Reach, Growing Rapidly with Industry Trends & Forecast 2027: Cabot, FOJIBO, JSR Corporation.June 10, 2022.［EB/OL］

［43］ Yi J, Xu C S. Broadband optical end-point detection for linear chemical‐mechanical planarization（CMP）processes using an image matching technique［J］. Mechatronics, 2005, 15（3）: 271-290.

［44］ 赵欣，牛新环，王建超，等. 不同抛光参数对蓝宝石衬底CMP质量的影响［J］. 微电子学，2018，48（2）: 274-279.

［45］ 张继静，李伟，宋婉贞. 化学机械抛光终点检测技术研究［J］. 电子工业专用设备，2016（12）: 10-15.

［46］ 曲里京，高宝红，王玄石，等. 铜CMP后清洗中表面活性剂去除颗粒的研究进展［J］. 半导体技术，2020.

［47］ Seo Y J, Kim S Y, Lee W S. Advantages of point of use（POU）slurry filter and high spray method for reduction of CMP process defects［J］. Microelectronic engineering, 2003, 70（1）: 1-6.

［48］ Li Y. Why CMP［M］. John Wiley & Sons, Inc., Hoboken, NJ, USA, 2007.

［49］ Pate K, Safier P. Chemical metrology methods for CMP quality［M］//Advances in chemical mechanical planarization（CMP）. Woodhead Publishing, 2022: 355-383.

［50］ Takeno Y, Okamoto K. New market trend in CMP equipment/material for the "More than Moore" era［C］//2018 International Conference on Electronics Packaging and iMAPS All Asia Conference（ICEP-IAAC）. IEEE, 2018: 423-425.

［51］ Liu L, Zhang Z, Wu B, et al. A review: green chemical mechanical polishing for metals and brittle wafers［J］. Journal of Physics D: Applied Physics, 2021.

［52］ 王敬. 延伸摩尔定律的应变硅技术［J］. 微电子学，2008（1）: 50-56.

［53］ Frank M M. High-k/metal gate innovations enabling continued CMOS scaling［C］. 2011 Proceedings of the European Solid-State Device Research Conference（ESSDERC）. IEEE, 2011: 25-33.

［54］ Hisamoto D, Lee W C, Kedzierski J, et al. FinFET-a self-aligned double-gate MOSFET scalable to 20 nm［J］. IEEE transactions on electron devices, 2000, 47（12）: 2320-2325.

［55］ Choi Y K, Asano K, Lindert N, et al. Ultra-thin body SOI MOSFET for deep-sub-tenth micron era［C］. International Electron Devices Meeting 1999. Technical Digest（Cat. No. 99CH36318）. IEEE, 1999: 919-921.

［56］ Oleg Kononchuk, Bich-Yen Nguyen. 绝缘体上硅SOI技术: 制造及应用［M］. 北京: 国防工业出版社, 2018.

［57］ Izumi K, Doken M, Ariyoshi H. CMOS devices fabricated on buried SiO_2 layers formed by oxygen implantation into silicon［J］. Electronics Letters, 1978, 14: 593.

［58］ Cheng K, Khakifirooz A, Kulkarni P, et al. Extremely thin SOI（ETSOI）CMOS with record low variability for low power system-on-chip applications［C］. 2009 IEEE international electron devices meeting（IEDM）. IEEE, 2009: 1-4.

［59］ Lin C H, Greene B, Narasimha S, et al. High performance 14nm SOI FinFET CMOS technology with 0.0174 μm2 embedded DRAM and 15 levels of Cu metallization［C］. 2014 IEEE International Electron Devices Meeting（IEDM）. IEEE, 2014: 3.8.1-3.8.3.

［60］ 温德通. 集成电路制造工艺与工程应用［M］. 北京: 机械工业出版社, 2019.

［61］ 黄蕴，高向东. 深槽介质工艺制作高密度电容技术［J］. 电子与封装，2010，10（6）: 26-28.

［62］ Saleh R, Wilton S, Mirabbasi S, et al. System-on-chip: Reuse and integration［J］. Proceedings of the IEEE, 2006, 94（6）: 1050-1069.

［63］ 郑凯，周亦康，宋昌明，等. 晶圆级多层堆叠技术［J］. 半导体技术，2021，46（3）: 178-187.

[64] 衣冠君. 动态随机存取记忆体的深槽电容器制造方法[J]. 电子工业专用设备, 2004（5）: 56-63.
[65] 吴俊, 姚尧, 卢细裙, 等. 动态随机存储器器件研究进展[J]. 中国科学: 物理学 力学 天文学, 2016, 46（10）: 43-52.
[66] Kim S K, Choi G J, Lee S Y, et al. Al-doped TiO2 films with ultralow leakage currents for next generation DRAM capacitors[J]. Advanced Materials, 2008,
[67] Song Y J, Lee J H, Shin H C, et al. Highly functional and reliable 8Mb STT-MRAM embedded in 28nm logic[C]. 2016 IEEE International Electron Devices Meeting（IEDM）. IEEE, 2016: 27.2.1-27.2.4.
[68] 赵圣哲, 张立荣, 宋磊. 高频双极晶体管工艺特性研究[J]. 电子与封装, 2019, 19（7）: 40-44.
[69] 王阳元. 集成电路产业全书[M]. 北京: 电子工业出版社, 2018.
[70] 刘国友, 王彦刚, 李想, 等. 大功率半导体技术现状及其进展[J]. 机车电传动, 2021（5）: 1-11.
[71] 苑伟政, 乔大勇. 微机电系统（MEMS）制造技术[M]. 科学出版社, 2014: 166-194.
[72] Wen L, Wouters K, Haspeslagh L, et al. A comb based in-plane SiGe capacitive accelerometer for above-IC integration[J]. Proceedings of the Micro Mechanics Europe 2010, 2010.

撰稿人：郑翔宇　常晓阳　王新河

核心零部件与关键材料发展现状和分析

核心零部件与关键材料是实现半导体装备高性能、高稳定性和高效率的关键因素。随着半导体技术的不断进步和市场需求的不断扩大，核心零部件与关键材料的发展也取得了显著的进展。目前，国内外众多企业和研究机构都在致力于研发和生产更高性能、更可靠的核心零部件与关键材料，以满足不断升级的半导体制造需求。当前，我国在核心零部件与关键材料领域还存在一定的差距和挑战，需要进一步加强自主研发和创新能力，提高产业的整体竞争力。因此，梳理和分析核心零部件与关键材料的研发和产业化，对于推动我国半导体产业的可持续发展具有重要意义。

一、先进装备核心零部件

半导体先进装备的核心零部件的精度、质量和稳定性对于半导体产品的良率和品质至关重要，其研发和制造技术也是半导体装备制造企业核心竞争力的重要体现。对于半导体先进装备制造企业来说，拥有自主研发和制造核心零部件的能力至关重要。

（一）零部件市场情况

集成电路工艺水平的提升依赖于集成电路设备技术的发展。集成电路设备结构复杂，所需的核心零部件种类繁多，且对零部件的材料、结构、工艺、品质和精度、可靠性及稳定性等性能要求极高。零部件在集成电路产业链中，相应地位于集成电路设备和工艺的上游。核心零部件直接影响集成电路设备的稳定性、精度、产能。ASML、应用材料等设备大厂都通过自研或并购掌控核心零部件技术，例如，ASML 公司通过收购美国 Cymer 公司

（EUV 光源）以确保核心零部件供应链的稳定。

核心零部件作为集成电路设备乃至集成电路产业链的基石，其市场规模 2020 年约为 200 亿~250 亿美元，2022 年有望达到 400 亿美元。但是集成电路核心零部件领域技术集中度高，主要被美国、日本、欧洲等国际厂商垄断。在国家〇二专项等项目及国家集成电路产业投资基金的支持下，国产集成电路零部件厂商也取得了快速的发展，共同支撑了集成电路设备的国产化及集成电路制造技术的自主可控。

（二）零部件类别及对应设备工艺

集成电路设备零部件作为光刻机、刻蚀机、镀膜机等集成电路设备的关键构成，目前一般有三种分类方法。第一种分类是按照零部件的服务对象进行分类，相应分为通用零部件和专用零部件。其中，通用零部件适用于多种设备，具有标准化的特点，被不同的设备公司作为设备组件，也会被晶圆厂作为产线上的备件耗材来使用，包括硅结构件、密封圈、阀门、真空规、真空泵、气体喷淋头等；专用零部件则用于满足特定设备的特殊需求，通常由各个设备公司自行设计，之后委托加工，包括工艺腔室、传输腔室等。第二种分类方法是按照零部件的主要材质和使用功能进行分类，相应可以分为硅件、碳化硅件、石英件、陶瓷件、金属件、石墨件、塑料件、真空件、密封件、过滤部件、运动部件、电控部件以及其他部件共十三大类。第三种分类方法则是按照集成电路设备内部流程、各组件功能进行分类，相应分为电源及气体反应系统、气液流量控制系统、真空系统、晶圆传送系统、热管理系统、光学系统、制程诊断系统、其他集成系统组件八大类。由于光学系统在报告的光刻机部分已进行详细介绍，以下主要聚焦电源及气体反应系统、气液流量控制系统、真空系统、晶圆传送系统、热管理系统及其他系统等核心零部件进行分析论证。

参考国内集成电路设备公司的营业成本数据，零部件的采购支出占到集成电路设备成本的 80% 以上，约 70% 的利润被国外核心零部件供应商攫取。

（三）零部件相关核心技术

1. 静电吸盘

静电吸盘又称静电卡盘（ESC、E-Chuck），是一种利用静电吸附原理夹持固定被吸附物的夹具，适用于真空及等离子体环境，主要作用是吸附晶圆片（如硅片），并使晶圆片保持较好的平坦度，抑制晶圆片在工艺过程的变形。静电吸盘内部的气体冷却孔利用氦气循环，精确控制晶圆片的温度，同时保证晶圆上的温度均匀。

静电吸盘采用经典原理实现晶圆吸附，相较于机械卡盘，由于减少了机械运动部件，颗粒污染得以降低，同时增大了晶片的有效面积；与真空吸盘比较，静电吸盘可用于低压强高真空环境，适用于干法刻蚀、化学气相沉积、物理气相沉积等各种需要利用卡盘控制晶片温度的集成电路工艺环节。

随着半导体、集成电路制程设备和制程工艺的发展，传统的以有机高分子材料和阳极氧化层为电介质的静电卡盘逐步被陶瓷静电卡盘逐渐替代，陶瓷静电卡盘拥有良好的导热和抗腐蚀性等特性，广泛应用于半导体及集成电路核心制程制作中，在高真空等离子体或特气环境中起到对晶圆的夹持和温度控制等作用，是离子注入、刻蚀等关键制程核心零部件之一。

由于静电吸盘采用氮化铝等陶瓷材料，包括内部电极、冷却气体孔等精细结构，对表面处理技术的掌握与应用的要求也比较高，表面涂层要达到 0.01μm 左右，同时要耐高温、耐磨、使用寿命大于三年以上，在研制过程涉及 600℃等静压热处理等特殊设备，研发难度较高。目前，静电吸盘被美国 AMAT、LAM，日本 SHINKO、NGK、TOTO 等垄断。近年来，得益于集成电路设备的国产化，国内海拓创新、君原电子（已在 SMIC 进行验证）等单位正在开展国产化技术研发。

2. 射频电源

射频电源和匹配器是等离子体增强化学气相沉积设备、原子层沉积设备、物理气相沉积设备、反应离子蚀刻机、离子注入设备等高端集成电路制造设备的工艺电源，是设备的关键子系统。射频电源和匹配器性能直接影响设备核心指标，在整机成本占比约 20%。集成电路设备中所使用的射频电源的频率范围 300kHz～300MHz。目前，美国 AE、MKS 等公司已经垄断射频电源高端市场，国产化需求迫切。国产射频电源主要的技术问题在于电源电压和频率等参数尚不够稳定，较 AE 等国外企业有一定差距，大功率、高稳定性射频电源技术需要突破。北方华创、北京赛德凯斯、恒运昌、神州半导体等国内厂商前期取得了一些研发进展，但是仍然需要结合集成电路设备及工艺的需求，上下游联动，进行设备改进和功能验证。

射频电源主要部件包括射频信号产生模块（直流供电电源模块、振荡电路模块）、驱动电路、功率放大模块以及功率检测模块。其中，射频信号产生模块用于产生所需频率的射频信号，是整个射频电源的开端，它输出的射频信号直接决定整个系统能否稳定的工作；驱动电路主要对射频信号进行降噪、整形，驱动功率放大器电路；射频功率放大器则主要实现信号的功率放大，功率检测模块则对放大后的射频信号进行功率检测。射频功率放大器的发展较为缓慢，直到 1904 年电子管出现，才正式应用于各领域，这是因为电子管从根本上解决了射频功率放大器的器件问题。但是电子管本身存在很多问题：首先它的体积非常大，在某些精密领域限制了电子管射频电源的应用；其次电子管射频电源的寿命还不到晶体管射频电源的一半，最重要的是它的制造工艺复杂，因此随着晶体管的发展，电子管逐渐被淘汰。同电子管相比，晶体管射频电源（又称为固态射频电源）的体积小、功率控制精密、输出稳定、频率精度高、开机无须预热，同时它的损耗低，寿命长，产生很少的热量。

美国 AE 公司作为全球最大的等离子体电源系统的供应商，一直是工业镀膜电源系统的领导者。通过先进的等离子体控制技术实现镀膜工艺的创新，优化工艺流程，其射频电源产品可以提供优异的性能，保证工艺流程的稳定性和电源工作的可靠性，提高镀膜的质量、产量以及沉积率。美国 MKS 公司成立于 1961 年，在射频电源产品的设计上拥有丰富、成熟且完整的技术方法。其射频电源产品使用的动态频率调谐（dynamic frequency tuning，DFT）软件算法可以使其瞬时阻抗工作在最佳位置，最大程度上减小入射功率。目前，MKS 公司的射频电源的 DFT 调整时间小于 50μs，输出功率为 3kW 至 13kW，输出频率为 2MHz 至 100MHz。

我国射频电源技术与国外相比还很落后，核心技术还没有掌握。目前，我国只有少数厂家生产晶体管射频电源。我国先进的等离子体设备使用的射频电源，与国外同类电源相比还存在一定差距，要赶超国际水平，还需要继续努力。①我国的射频电源采用大多是电子管或电子管、晶体管混合电路，体积较大，限制了它的应用。并且使用的晶体管大多为国外进口，因此，需要研制我国自主核心的晶体管，研制新技术、新元器件，使射频电源小型化。例如，基于第三代半导体技术的晶体管技术有望成为我国在该方向取得突破的契机。②我国部分厂商使用的还是阻抗手动匹配器，容易受环境因素的影响，而国外已使用阻抗自动匹配器，在工业自动化领域发挥着重要的作用，因此，高精度、高速度的阻抗自动匹配器是未来发展的必然趋势。③与国外射频电源相比，我国射频电源种类较为单一，今后还应该进行宽频带电源、微波电源、高功率射频电源等不同类型射频电源的研制。

未来几年，随着国内半导体及光伏设备行业的发展，国内射频电源行业市场规模还将继续快速增长。

（四）技术供给情况

由于行业技术壁垒高，且国产厂商起步晚，目前集成电路零部件各细分产品主要被美国、日本、欧洲、韩国和中国台湾等少数企业所垄断，国产化率较低。

集成电路零部件一方面涉及的种类较多，另一方面整体的市场规模呈现高速增长的特点。2020 年全球集成电路零部件市场规模约为二三百亿美元，在此基础上，根据全球主要集成电路设备零部件供应商经营规模统计，估计非光刻机类的设备零部件市场规模约一二百亿美元，而光刻机零部件市场规模超过 50 亿美元，厂务附属设备市场规模约 20 亿美元，晶圆厂每年采购备品备件也具备一定的市场规模。具体分类看，射频电源、MFC、真空泵等细分市场规模估计均在 20 亿美元上下。参考集成电路设备上市公司的财务数据，集成电路设备零部件及原材料的采购成本占集成电路设备厂商营业成本的 80%～90%，且设备厂商的毛利率普遍在 40%～60%，即营业成本占营业收入的比重平均在 50% 左右，因此集成电路设备零部件及其他原材料市场规模相当于全球集成电路设备市场规模的

40%～45%，其中零部件占据大部分。据SEMI预计2022年全球半导体设备市场规模有望达到1013亿美元，由此可以推测全球集成电路零部件的市场规模估计400亿美元左右。国产化推动下，国产集成电路设备厂商也快速放量，从2021年收入增速上来看，北方华创、盛美上海、屹唐股份预计同比增长均超50%，中微同比增长37%等，远高于全球晶圆制造设备市场25%的复合增速。我们保守假设国内设备厂商2020年至2022年45%的收入复合增速，则2022年国产集成电路设备厂商的零部件采购需求约为141亿元。

集成电路零部件龙头企业高度集中在美国、日本。通过对于全球主要集成电路零部件企业的集成电路收入进行统计，美国集成电路零部件企业的收入合计占比44%，日本企业则占比33%，欧洲占比21%。其中，美国头部企业主要有MKS、AE、UCT、Ichor、Brooks等，涉及RF电源、气体流量计、真空产品等多种零部件；日本头部企业包括京瓷（Kyocera）、Ebara、Horiba、富士金（Fujikin）、新光电气（Shinko）等，涉及静电吸盘、流量计、RF电源、真空泵、气体阀门、陶瓷件等零部件；欧洲头部企业则包括爱德华（Edwards）、Inficon等，涉及真空泵、真空计等零部件。

我国目前集成电路核心零部件高度依赖进口，通过资产并购、联合研发、技术引进等形式，我国已经涌现出一批集成电路零部件企业，如万业企业通过参与收购Compart布局零部件业务，新莱应材与应用材料、Lam Research在真空系统领域长期合作取得突破，以及江丰电子在气体喷淋头、神工股份在硅电极等方面先后取得突破。

国产集成电路设备厂商的零部件严重依赖于美国的MKS、UCT，以及日本的RORZE、Ferrotec等厂商，密封圈、静电吸盘、阀类、陶瓷类、真空计等零部件大部分需要进口。

另外，集成电路零部件还作为晶圆厂的备件和耗材。根据芯谋研究的数据，2020年国内12寸和8寸晶圆线前道设备零部件采购金额超10亿美元，扣除台积电、三星、海力士等在国内的生产线，本土晶圆厂采购金额约为4.3亿美元。其中，石英件、RF射频电源、真空泵、气体阀门、静电吸盘、气体喷淋头、边缘环的需求占比较大，分别为11%、10%、10%、9%、9%、8%、6%。从国产化的情况看，石英、气体喷淋头、边缘环的国产厂商已经覆盖10%以上的国内市场，射频电源、气体流量计、机械手的国产化率在1%～5%，而气体阀门、静电吸盘、密封圈的国产化率则不足1%。

以下进一步从具体零部件的角度，分析国内集成电路零部件市场供应情况。

（1）阀门：阀门大量应用于设备的气路和真空系统中，大都采用超高纯材料。国内企业新莱应材2012年获AMAT工艺认证，进入国际大厂AMAT、Lam供应链；目前已进一步覆盖北方华创、中微等国内设备厂商，其产品可覆盖厂务端投资额的3%~5%，设备端采购额的5%~10%。

（2）静电吸盘：静电卡盘利用静电吸附原理，在高真空等离子体或特气环境中实现对晶圆的夹持和温度控制；其技术难点在于通过多达一百个温控分区实现对温度的均匀控制。目前该市场主要由美国、日本等企业高度垄断，比如AMAT、LAM、Shinko、TOTO、

NTK等；国内厂商取得突破进展的有海拓创新和华卓精科。华卓精科开发出12英寸PVD氮化铝静电吸盘，主要客户为北方华创和鲁汶仪器。海拓创新2014年左右开始研发半导体静电吸附系统，目前可提供性能陶瓷和薄膜涂层两大类产品，可用于PVD、CVD、干法刻蚀等设备上。

（3）密封圈：集成电路工艺中存在大量含氟、含氢等高能态气体，高温环境下极易引起材料表面化学及物理反应，因此对密封件的超洁净、耐高温、抗腐蚀性能要求很高。目前，密封圈（O-ring）市场主要被美国杜邦（Dupont）垄断，国产厂商芯密科技2020年8月实现一期量产，在密封圈国产化方面实现突破。

（4）流量计等测量仪器：工艺制造需要半导体设备内部整合压力检测、流量检测、气体分析、光子数分析等测量系统，种类复杂且要求高。目前此部分市场主要被美国MKS垄断。

（5）射频电源：射频电源主要用来产生等离子体，比如ICP中产生高频电流输送给电感线圈。射频电源的关键指标包括工作频率、输出功率以及频率和功率的稳定性。射频电源的国际市场目前主要被AE、MKS等垄断，国内北广科技承担国家〇二专项"射频发生器研发与产业化"课题，2019年通过验收。后续，北方华创2020年收购北广科技射频应用相关资产，在该方向持续布局。

（6）机械手：集成电路设备依靠机械手实现晶圆的传送，因此对于机械手的稳定性、传片速率和准确性要求很高。目前，美国Brooks的真空机械手和真空传输平台产品几乎垄断了全球市场，日本RORZE也是该领域头部企业。国内厂商沈阳新松则在2020年实现小批量销售。

从2020年主要国产半导体设备厂商采购上看，北方华创、中微半导体、屹唐股份等的实际采购金额合计约156亿元，充分表明了在下游扩产及国产替代驱动下，半导体设备厂商在手订单充裕，零部件超前采购的趋势。例如，北方华创、盛美上海、华海清科和芯源微当年采购总额与材料成本的比例高达两倍之多。

从采购内容和金额看，国产集成电路设备厂商对于气体输送系统、机械类、电气类、机电一体类采购占比大。

（1）气体输送系统：中微公司2018年前五大供应商中，供应气体输送系统的超科林（UCT）采购占比第一，达到10.5%；类似地，屹唐股份2021年上半年对超科林采购比例达到6.2%，拓荆科技2020年对超科林采购比例为8.2%。国内厂商华亚智能主营金属结构件，其大客户即为超科林。

（2）机械类：机械类的采购大头主要为石英、陶瓷件、密封件等非金属件。从国内设备厂采购来看，中微公司2018年主要采购自Ferrotec和靖江先锋；靖江先锋主营金属结构件和不锈钢/铝质加热器，占中微公司当年采购的5.2%。盛美上海和芯源微则采购自苏州兆恒。

（3）电气类：电气类主要为射频电源、射频匹配器等部件。中微公司2018年和拓荆科技 2020 年主要采购自万机仪器（MKS）。

（4）机电一体类：包括 EFEM、机械手等。华海清科等国内设备厂主要采购自日本的 Rorze，芯源微采购自日本电产三协（NidecSankyo）；盛美上海采购自其关联企业 NINEBELL。

在国内集成电路产业快速发展及国产替代的浪潮下，集成电路零部件企业也得以快速发展，涌现出多家潜力企业。

（1）万业企业：通过联合收购新加坡 Compact System，开始布局集成电路零部件业务。Compact System 主营业务包括 BTP（Built To Print）组件、装配件、密封件、气棒总成、气体流量计、焊接件，核心客户包括美国 UCT 和 ICHOR 等，终端客户包括美国应用材料和泛林半导体等。

（2）神工股份：产品包括大直径单晶硅材料（最大 19 英寸）、硅电极零部件等。硅电极零部件目前由公司全资子公司精工半导体制造及销售。经过 2021 年全年的市场推广，在多家 12 英寸 IC 生产厂家获得送样评估机会，并获得了某些客户的小批量订单。为了更好地满足国内较大的市场需求，公司开始进行硅电极的产能储备。公司加快在锦州建设硅零部件加工场所进度，提高了从原材料到成品的技术生产衔接，加强了研发团队针对各种加工方法的反馈速度和反馈强度，锦州硅零部件工厂建成后，公司南北两处厂区的布局可以更好地服务国内市场。

（3）英杰电气：公司主要产品包括功率控制电源、特种电源等。半导体客户方面，主要供应设备用功率控制器、射频电源等，配套 MOCVD、蓝宝石炉、碳化硅设备等。

（4）新莱应材：公司半导体产品面向国内外众多客户，包括美国应材和 LAM，国内的北方华创、中微半导体、长江存储、合肥长鑫、无锡海力士、中芯国际、正帆科技、至纯科技、亚翔集成等知名客户。当前其半导体真空系统产品的客户较多。新莱应材于 2019 年底发行可转债募资 2.8 亿元，用于加大投入半导体气体系统研发，将气体系统作为未来重要发展方向。

（5）靖江先锋：公司成立于 2008 年，专注于精密金属零部件生产制造，具有数控加工中心为主体的精密加工，和针对铝、不锈钢等金属材料表处理能力。其核心客户包括北方华创、中微半导体、中芯国际、华虹宏力等企业。

（6）江丰电子：公司集成电路零部件主要布局 PVD 机台用压环（clamp ring）、准直器（collimator）、CVD 及刻蚀机台用气体喷淋头等，化学机械研磨机台用金刚石抛光垫、保持环（retaining ring）等。

二、先进工艺制造关键材料

（一）材料市场情况

半导体材料的国产化率仍处于较低水平，国内相关企业相比国际垄断企业的竞争力仍有较大差距。半导体原材料是集成电路产业的基石，集成电路生产的各个环节均要用到半导体原材料，如光刻环节需要使用掩膜版、光刻胶及清洗用的各类湿化学品，刻蚀环节需要用到硅片、电子气体等。随着集成电路技术节点的不断进步，对于所用原材料的纯度、尺寸及一系列物理化学性质的要求越来越严格，原材料的成本也随着提升，原材料市场整体规模不断上升。2018年，全球半导体材料销售额为519.4亿美元，创历史新高，同比增长10.65%，增速也达到2011年以来的新高。2018年全球半导体销售额为4687.8亿元，其中半导体材料的销售额占全球半导体销售总额的11.08%。2021年全球半导体IC市场总销售额达到了5098亿美元，相比2020年增长了25%，预计2022年半导体总销售额将增长11%，将会达到创纪录的5651亿美元，预期相应半导体材料市场也将取得显著增长。

在全球半导体材料领域，日本占据了半壁江山。在2019年前5个月，日本生产的半导体材料占全球产量的52%。在半导体制造过程包含的19种核心材料中，日本市占率超过50%份额的材料就占到了14种。

（二）材料分类

1. 衬底材料

目前九成半导体器件由硅制造，硅材料具有集成度高、稳定性好、功耗低、成本低等优点。但在后摩尔时代，除了更高集成度的发展方向之外，通过不同材料在集成电路上实现更优质的性能是发展方向之一。同时随着5G、新能源汽车等产业的发展，产生了对高频、高功率、高压半导体的需求，硅基半导体由于材料特性难以完全满足，以GaAs、GaN、SiC为代表的半导体迎来发展契机。

（1）硅衬底

硅片是生产半导体芯片所用的载体，是半导体最重要的原材料。目前，硅基半导体材料是产量最大、应用最广的半导体材料。根据SEMI发布的数据显示，按半导体器件产值来算，2017年，全球95%以上的半导体器件和99%以上的集成电路用的是单晶硅作为衬底材料，化合物半导体市场占比在5%以内。SEMI还预测，2019年，硅片销售额在全球半导体制造材料销售总额中所占比重最高，达37.29%。需要指出的是，除了硅片外，半导体制造材料还包括电子气体、光掩模、光刻胶配套化学品、抛光材料、光刻胶、湿法化学品与溅射靶材等材料。

纯度在95%~99%的硅称为工业硅。沙子、矿石中的二氧化硅经过纯化，可制成纯度在98%以上的硅；高纯度硅经过进一步提纯，变为纯度达99.9999999%至99.999999999%的超纯多晶硅。

硅片主要有2英寸（50mm）、3英寸（75mm）、4英寸（100mm）、6英寸（150mm）、8英寸（200mm）和12英寸（300mm）等规格。硅片的直径越大，每一个硅片上可制造的芯片数量就越多，单位芯片的成本就降低。按制造工艺分，硅片主要有抛光片、外延片和

SOI 硅片。单晶硅锭经过切割、研磨和抛光处理后得到抛光片。抛光片经过外延生长形成外延片，抛光片经过氧化、键合或离子注入等工艺处理后形成 SOI 硅片。

当前市场上半导体硅片以 12 英寸和 8 英寸为主，12 英寸的硅片在 2009 年开始市场份额超过 50%，且逐年增长，预计 2019 年，12 英寸硅片的市场份额将超过 70%。硅片的直径越大，单个硅片能生产的芯片数量也就越多，12 英寸的硅片能生产的芯片数量是 8 英寸的 2.25 倍，为了节省生产成本，硅片的直径越做越大是必然趋势。到 2010 年 12 英寸硅片已经成为主流。

当前，中国半导体硅片供应高度依赖进口，国产化进程严重滞后，与国际先进水平之间的差距十分明显。在硅片市场中，上海硅产业集团作为中国大陆硅片龙头企在全球半导体硅片市场占得的份额只有 2.2%。半导体硅片市场近年来还在进一步向头部厂商集中，仅日本市占率就超过 50%。

从 2016 年到 2020 年，日本信越化学、日本 SUMCO、德国 Siltronic、中国台湾环球晶圆、韩国 SK Siltron 五家厂商的市场份额从 85% 上升至 93%。其中信越化学的市占有率 27.58%，Sumco 占据 24.33% 的市场，德国 Siltronic 占有 14.22%，中国台湾环球晶圆为 16.28%，韩国 SK Siltron 的市占率达 10.16%。

为了弥补半导体硅晶圆的供应缺口，降低进口仰赖程度，我国正积极迈向 8 英寸与 12 英寸硅片生产。沪硅集团的上海新昇导科技有限公司（上海新昇）成立于 2014 年 6 月，致力于在我国研究、开发适用于尖端工艺节点的 12 英寸硅单晶生长、硅片加工、外延片制备、硅片分析检测等硅片产业化成套量产工艺，建设 12 英寸半导体硅片的生产基地，实现 12 英寸半导体硅片的国产化。

相比于硅片制造商日本信越化学公司（成立于 1926 年），我国的硅片还有很长的路要走。我国硅片产业起步晚，单晶硅片纯度不够，在销售网络布局方面也有待扩展，市场潜力有待发掘。

（2）GaAs 衬底

砷化镓属 Ⅲ-Ⅴ 族化合物半导体材料，由化学元素周期表中 Ⅲ 族元素镓和 Ⅴ 族元素砷化合而成。随着现代工业冶炼提纯技术的进步和微电子技术的发展，砷化镓材料已是 Ⅲ-Ⅴ 族化合物半导体材料中应用最为广泛、相关技术最为成熟的材料。砷化镓产业最上游为基板制造，其次为关键材料砷化镓磊晶圆，工艺具体包括 MOCVD（有机金属化学气相沉积法）及 MBE（分子束磊晶法）砷化镓磊晶技术，中游为晶圆制造及封测等，整个产业链除晶圆制造外，设计与先进技术主要仍掌握在国际 IDM 大厂，下游为手机、无线区域网络制造厂以及无线射频系统商等。

全球砷化镓产业链各环节大部分由国际厂商垄断。砷化镓单晶方面，半绝缘型砷化镓衬底的主要生产商有德国的 Freiberger、美国的 AXT、日本住友集团（Sumitomo）及其子公司 Sciocs，三家公司几乎垄断了全球 90% 以上的市场份额。晶圆方面，中国台湾稳懋为第一大代工厂，占比为71.1%，第二、第三为宏捷科技（AWSC）、环宇科技（GCS），占比分别为8.7%和8.4%。从砷化镓元件看，三家IDM厂商Skyworks、Qorvo和Broadcom（Avago）在元件领域分别占据32.3%、26.0%和9.1%，呈现三寡头格局。

我国的砷化镓产业起步较晚，但是需求很大。从国内上市企业来看，目前涉及砷化镓业务的公司数量总体较少，但随着砷化镓产业链的不断研发，我国上市企业也开始具备一定规模。砷化镓可用于高频及无线通信，适于制作IC器件。所制出的这种高频、高速、防辐射的高温器件，应用于激光器、无线通信、光纤通信、移动通信、GPS全球导航等领域。砷化镓除在IC产品应用以外，也可加入其他元素改变能带隙及其产生的光电反应，达到所对应的光波波长，制作成光电元件。

中美贸易战加剧后，国内的砷化镓代工厂的发展同样受疫情和美国禁令影响。但在各种制约背后，我们能看到国内生产企业不抛弃不放弃的倔强，国内生产企业仍在加速发展，缩短与国际上的差距。特别是三安光电旗下的三安集成以及海特高新旗下的海威华芯，实力尤为出众。三安光电在建砷化镓一条6英寸芯片生产线，根据规划，项目建成后将形成年产砷化镓芯片30万片的产能，截至目前，该项目已经逐步生产运营。目前在终端侧GaAsPA等方面进展非常顺利。而海威华芯已完成了3D感知VCSEL砷化镓等核心产品的研发、考核、鉴定工作，并进入小批量量产阶段。规划6英寸砷化镓月产能在二三千片，2019年订单实现了从千万到亿的突破。目前以GaAs HEMT射频工艺为主，完成了$2.5\mu m$、$1.5\mu m$等多个工艺制程开发，为中高频类毫米波的核心工艺，可支持的产品种类包括功率放大器等，海威华芯目前主要代工民用产品为PA器件，应用于蓝牙、Wi-Fi领域。除此之外，云南锗业、有研新材在相关领域也有一定的布局。近年来，我国砷化镓产量总体而言呈现出较快增长的态势，强大的无线通信需求使砷化镓产量和销售不断增长。随着光电通信等行业的发展，砷化镓的市场需求在不断增长，国内逐渐诞生了一批有影响力的企业。如三安光电、乾照光电在LED领域应用方面较为成熟，能够做到垂直整合；海特高新、云南锗业在砷化镓晶圆生产方面已具备一定实力。

国家加速5G发展，基带和射频模块是完成3/4/5G蜂窝通信功能的核心部件。典型射频模块（RFFEM）主要包括功率放大器（PA）、天线开关（Switch）、滤波器（SAW）等器件，其中功率放大器PA占据着射频前端芯片较大的市场份额。受砷化镓半导体材料高饱和速度、高电子迁移率、高禁带宽度和高击穿电场的影响，砷化镓将大量运用于制作功率放大器（PA）以满足5G时代高频、高速、高功率的要求。据Yole预测，2024年全球砷化镓元件市场将达到157.1亿美元。

（3）SiC衬底

未来的能源系统以可再生能源最大限度地开发利用、提高能源效率为目标，对能源输送和控制的安全、高效、智能等方面提出更高的要求，具体包括适应新能源电力的输送和分配的网络，与分布式电源、储能等融合互动的高效终端系统，与信息系统结合的综合服务体系等。这些都需要通过电力电子化设备进行运行、补偿、控制。而目前这些设备中所使用的基本都还是硅基片器件，硅基片器件的参数性能已接近其材料的物理极限，无法担负起未来大规模清洁能源生产传输和消纳吸收的重任，节能效果也接近极限。在这样的背景下，将带来新型功率半导体应用需求大幅提升，以碳化硅（SiC）为代表的第三代半导体功率芯片和器件，以其高压、高频、高温、高速的优良特性，能够大幅提升各类电力电子设备的能量密度，降低成本造价，增强可靠性和适用性，提高电能转换效率，降低损耗。

SiC 的产业链主要由单晶衬底、外延、器件、制造和封测等环节构成。SiC 衬底处于宽禁带半导体产业链的前端，是前沿、基础的核心关键材料。而 SiC 单晶在自然界极其稀有，几乎不存在，只能依靠人工合成制备。目前工业生产 SiC 衬底材料以物理气相升华法为主，这种方法需要在高温真空环境下将粉料升华，然后通过温场的控制让升华后的组分在籽晶表面生长从而获得 SiC 晶体。整个过程在密闭空间内完成，有效的监控手段少，且变量多，对于工艺控制精度要求极高。

衬底电学性能决定了下游芯片功能与性能的优劣，为使材料能满足不同芯片的功能要求，需要制备电学性能不同的 SiC 衬底。按照电学性能的不同，SiC 衬底可分为低电阻率的导电型 SiC 衬底，和高电阻率的半绝缘型 SiC 衬底。与传统的硅基器件不同，碳化硅衬底的质量和表面特性不能满足直接制造器件的要求，因此在制造大功率和高压高频器件时，不能直接在碳化硅衬底上制作器件，而必须在单晶衬底上额外沉积一层高质量的外延材料，并在外延层上制造各类器件。这就形成了 SiC 外延产业。在导电型 SiC 衬底上生长 SiC 外延层制得 SiC 外延片，可进一步制成功率器件，功率器件是电力电子行业的重要基础元器件之一，广泛应用于电力设备的电能转化和电路控制等领域，应用于新能源汽车、光伏发电、轨道交通、智能电网、航空航天等领域；在半绝缘型 SiC 衬底上生长氮化镓外延层制得 SiC 基氮化镓（GaN-on-SiC）外延片，可进一步制成微波射频器件，微波射频器件是实现信号发送和接收的基础部件，是无线通信的核心，主要包括射频开关、LNA、功率放大器、滤波器等器件，应用于 5G 通信、雷达等领域。随着全球 5G 通信技术的发展和推广，5G 基站建设将为射频器件带来新的增长动力。

SiC 器件的生产流程和生产工艺有显著的门槛，SiC 生产流程主要涉及以下五个过程：①单晶生长，以高纯硅粉和高纯碳粉作为原材料形成 SiC 晶体；②衬底制成，SiC 晶体经过切割、研磨、抛光、清洗等工序加工形成单晶薄片，也即半导体衬底材料；③是外延片环节，通常使用化学气相沉积（CVD）方法，在晶片上淀积一层单晶形成外延片；④晶圆加工，通过光刻、沉积、离子注入和金属钝化等前段工艺加工形成的碳化硅晶圆，经后段工艺可制成碳化硅芯片；⑤器件制造与封装测试，所制造的电子电力器件及模组可通过验证进入应用环节。

SiC 产品从生产到应用的全流程历时较长。以 SiC 功率器件为例，从单晶生长到形成衬底需要耗时一个月，从外延生长到晶圆前后段加工完成需要耗时六至十二个月，从器件制造再到上车验证更需要一到两年时间。对于 SiC 功率器件 IDM 厂商而言，从工业设计、应用等环节转化为收入增长的周期非常之长，汽车行业一般需要四到五年。

我国的碳化硅衬底研究从二十世纪九十年代末才起步，并在发展初期受到技术瓶颈和产能规模限制而未能实现产业化，与国际先进水平相比存在较大差距。长期以来，碳化硅衬底的核心技术和市场基本被欧美发达国家垄断，主要有美国 WolfSpeed 公司、美国 II-VI 公司和德国 SiCrystal 公司等，并且产品尺寸越大、技术参数水平越高，其技术优势越明显。国际主要碳化硅晶片生产企业已实现 6 英寸晶片规模化供应，其中美国 CREE、II-VI 公司在碳化硅晶片制造产业中拥有尺寸的代际优势，已成功研制并投资建设 8 英寸晶片产线。国内的 SiC 相关厂商与国外相关企业仍然还有比较大的差距，从营收规模上来看，国内企业的体量相对都较小，不过目前国内企业在加速成长，营收规模在不断提高。从技术上来看，目前国产厂商仍然以 4 英寸晶圆为主，逐步向 6 英寸过渡，而海外厂商现在已经在以 6 英寸为主，开始过渡到 8 英寸了。从技术参数上来看，虽然国产厂商已经具备一定的生产能力，但仍存在单晶性能一致性差、成品率低、成本高等问题，产能较低。SiC 产业目前没有一个完整的供应体系，需要自己建造生长炉，这方面需要攻克探索。另外 SiC 产业的人才数量也不多。这造成了 SiC 产业虽然有很多进入者，但能留到最后，并赚钱的企业可能不会多。

进入二十一世纪以来，在国家产业政策的支持和引导下，我国碳化硅衬底产业发展大幅提速。据不完全统计我国从事碳化硅衬底研制的企业已经有三十多家。在 SiC 外延片领域，我国已经取得了可喜的成果。6 英寸的 SiC 外延产品可以实现本土供应，建成或在建一批专用的碳化硅晶圆厂等。2020 年底，国内至少已有八条 6 英寸 SiC 晶圆制造产线，另有十条 SiC 生产线正在建设。三安光电、泰科天润等主要企业已有相应产线，同时仍在积极扩建。总投资 160 亿元的湖南三安半导体基地一期项目正式于 2021 年 6 月投产，将打造国内首条、全球第三条 SiC 垂直整合产业链，计划月产三万片 6 英寸 SiC 晶圆。泰科天润的湖南项目于 2019 年底正式开建，主要建设 6 英寸 SiC 基电力电子芯片生产线，满产后可实现年产六万片的 6 英寸 SiC 功率芯片。此外，比亚迪半导体、南京百识电子等企业也在建设产线。

2. 工艺耗材

集成电路工艺耗材包括光刻胶、特气、靶材三类，都是晶圆制造厂重要的日常采购项，随着我国集成电路制造产能的迅速提升，工艺耗材市场也在迅速扩大。

（1）光刻胶

光刻胶是光刻过程中的重要耗材。光刻是将图形由掩膜版上转移到硅片上，为后续的刻蚀步骤做准备。首先在光刻过程中，需在硅片上涂一层光刻胶，经紫外线曝光后，光刻胶的化学性质发生变化，在通过显影后，被曝光的光刻胶将被去除，从而实现将电路图形由掩膜版转移到光刻胶上。再经过刻蚀过程，实现电路图形由光刻胶转移到硅片上。这就是 IC 制造的基本原理。在刻蚀过程中，光刻胶起防腐蚀的保护作用。为了满足集成电路对密度和集成水平的更高的要求，半导体所采用的光刻胶也不断地缩短曝光波长，以提高极限分辨率。曝光波长由宽谱紫外向 G 线、I 线、KrF、ArF、EUV 的方向发展。随着光线波长的缩短，光刻胶所能达到的极限分辨率也不断地提高，光刻的线路图案精密度也更佳。

光刻主要包括薄膜生长、上胶、曝光和显影等环节。光刻是整个集成电路制造过程中耗时最长、难度最大的工艺，耗时占集成电路制造的一半，成本约占集成电路生产成本的三分之一。光刻胶的性能决定了集成电路的集成度，进而决定了芯片的运行速度、功耗等关键参数，是集成电路制造工艺中最关键的材料。根据 SEMI 对于半导体光刻胶市场的统计，2015 年全球市场规模约为 13 亿美元，至 2020 年已经达到了 21 亿美元，同比增长超过 20%；在此之中中国半导体光刻胶市场从 2015 年的 1.3 亿美元增长至 2020 年的 3.5 亿美元，同比增长约为 40%。中国晶圆代工厂近年来飞速发展直接造就了全球，特别是中国光刻胶市场的高速发展。

由于极高的行业壁垒，全球光刻胶行业呈现寡头垄断格局，长年被日本、欧美专业公司垄断。目前前五大厂商占据了全球光刻胶市场 87% 的份额，行业集中度较高。其中，日本 JSR、东京应化、日本信越与富士电子材料市占率加和达到 72%。

我国光刻胶企业已经在关键技术取得突破。2021 年多家国产光刻胶企业宣布自己的 KrF/ArF 光刻胶项目取得关键性突破，也有一批光刻胶项目获得了新投资。

2021 年 5 月，南大光电在业绩说明会上表示，公司的 ArF 光刻胶已拿下第一笔订单，制程工艺可满足 45～90nm 光刻需求。2021 年 8 月，华为旗下深圳哈勃科技投资光刻胶企业徐州博康 3 亿元；同月，彤程新材 6.985 亿元投资 ArF 高端光刻胶研发平台建设项目（计划 2023 年末建成）。2021 年 12 月，南大光电发布公告称，其 ArF 193nm 已经通过了客户的使用认证，可用于 45nm 工艺。至此，南大光电已经完成了 25 吨光刻胶生产线建设，且原材料和生产设备已实现国产化。同月，上海新阳在 ArF 干法光刻胶和 KrF 厚膜光刻胶研究上获得了成功，预计 2022 年量产 KrF 248nm 厚膜光刻胶，2023 年全面量产 ArF 193nm 干法光刻胶。2022 年 1 月，上海新阳花费 1 亿元购买了三台 ASML-1400 光刻机，计划用于光刻胶的研发与测试；同月 19 日，晶瑞电材表示近期已购得一台 KrF 光刻机，可用于 KrF 光刻胶的曝光测试，此前该公司已购买四台光刻机，分别用于负胶、g 线、i 线、ArF 光刻胶的测试。

虽然国产光刻胶企业在技术上有所突破，但是在实际量产过程中还需攻克一些难题。光刻胶企业在技术得到突破之后，还有一个六至二十四个月的客户验证周期，通过客户验证之后，还需耗费一年左右的时间来实现量产。根据各企业的规划，KrF 厚膜光刻胶将于今年年内开始量产，更高技术要求的 ArF 光刻胶最早将于 2023 年实现量产。这意味着，至少在一两年内，高端光刻胶不能给企业带来显著的营收。

（2）特种气体

电子特种气体种类繁多，是电子工业重要的原材料之一。电子特气是指用于半导体及相关电子产品生产的特种气体，其按不同的应用途径可以分为掺杂用气体、外延用气体、离子注入气、发光二极管用气、刻蚀用气体、化学气相沉积气和平衡气等。在半导体工业中应用的有一百一十多种单元特种气体，其中常用的有超过三十种。

集成电路、新型显示是电子特种气体主要应用领域。半导体生产中几乎每个环节都要用到电子特气，因此被称为半导体制造的"血液"和"粮食"。电子特气的纯度直接决定了产品的性能、集成度和成品率。电子特气纯度每提高一个数量级，都能推动半导体器件产生质的飞跃。

电子特气的纯度对半导体及相关电子产品的生产至关重要。电子特气中水汽、氧等杂质组分易使半导体表面形成氧化膜，影响电子器件的寿命，含有的颗粒杂质会造成半导体短路及线路损坏，改变半导体的性能。半导体工业的发展对产品的生产精度要求越来越高。以集成电路制造为例，其电路线宽已经从最初的毫米级，到微米级甚至纳米级，对应用于半导体生产的电子特气纯度亦提出了更高的要求。

电子特气是仅次于大硅片的第二大晶圆制造材料。2016年至2018年，全球用于晶圆制造的电子特气市场保持10%左右增速，2018年规模达42.5亿美元，占晶圆制造材料市场的12.85%。国内电子特气市场增速高于全球，2018年用于晶圆制造的电子特气市场规模约72.98亿元（10.81亿美元）。经测算，每平方米逻辑电路晶圆加工所需要的电子特气约为37.3kg，每平方米存储电路晶圆加工需要约12.0kg的电子特气。逻辑芯片和存储芯片本身在集成电路中的占比就超六成，随着未来5G和汽车电子化的趋势以及集成电路技术与制造工艺的提升，电子特气的用量也会得到大幅度的提升。

与传统大宗气体相比，电子气体行业技术壁垒高，市场集中度高。2018年全球半导体用电子气体市场中，空气化工、普莱克斯、林德集团、液化空气和大阳日酸等五大公司控制着全球90%以上的市场份额，形成寡头垄断的局面。在国内市场，境外几大气体巨头控制了80%的市场份额。

半导体电子特气行业具有较高的技术壁垒。半导体电子特种气体在生产过程中涉及合成、纯化、混合气配制、充装、分析检测、气瓶处理等多项工艺技术，每一步均有严格的技术参数要求和质量控制措施。

为了保证半导体器件的质量与成品率，特种气体产品要同时满足"超纯"和"超净"的要求，粒子、金属杂质含量浓度每降低一个数量级，都将带来工艺复杂度和难度的显著提升。

对于混合气而言，配比的精度是核心参数，随着产品组分的增加、配制精度的上升，其配制过程的难度与复杂程度也显著增大。此外，气瓶处理、气体分析检测、气体配送等环节亦对生产企业提出了较高的技术要求。

下游客户认证亦是攻坚难点。作为关键性材料，特种气体的产品质量对下游产业的正常生产影响巨大。如果晶圆加工环节所使用的气体发生质量问题，将导致整条生产线产品报废，造成巨额损失。因此极大规模集成电路、新型显示面板等精密化程度非常高的下游产业客户对气体供应商的选择极为严格、审慎，需要经过审厂、产品认证两轮严格的审核认证，集成电路领域的审核认证周期长达两三年。

同时，为了保持气体供应稳定，客户在与气体供应商建立合作关系后不会轻易更换气体供应商，且双方会建立反馈机制以满足客户的个性化需求，客户黏性不断强化。因此，对新进入者而言，长认证周期与强客户黏性形成了较高的客户壁垒。行业还具有营销网络、服务壁垒。营销网络主要体现在气体公司需要投入大量人力物力进行铺点建设，不断扩大营销服务网络，以满足下游客户对气体种类、响应速度、服务质量的高要求。气体下游客户需要的服务则包括包装容器处理、检测、维修及供气系统的设计、安装乃至气体供应商的配送服务等。

但是针对电子特气的市场特点，高的运输和现场维护成本造就本地化配套优势。多品少量是电子特气的特点，因此相比现场制气的空分气体，采用零售方式进行气体销售更为普遍，但零售气体对于国外企业来讲，需要付出更高的运输和维护成本。

运输成本方面，以林德集团为例，作为全球工业气体龙头，林德在国内的空分装置点有十一个，相比较之下，特种气体工厂仅两个。考虑到林德集团在国内的特种气体工厂较少，因此大量的特种气体需从海外运输，而从欧洲、美国运至国内耗时约三十天，运输费用预计不低于国内的长途运输，运输成本将更高。随着国内半导体晶圆厂从华东、华北向全国范围扩散，未来本地特气企业将具有显著的运输成本优势。

我国的林德集团和慧瞻材料等国产特气品牌相继应运而生，并展现出蓬勃发展的势头。国内空分企业与特气企业分明，业务上构筑各自壁垒。国内气体公司包括以杭氧、盈德、宝钢气体为代表的空分企业，主要是以管道气为主的现场制气项目，可能更适合林德模式切入特种气体，作为气体综合服务商的角色，进行空分和特气资源的整合。作为空分巨头，内生进行特气技术和产品的开发，难度相对较大且所需时间周期较长，未来更多或以业务合作或收购的模式开展相关业务，相关企业的优势在于资金实力和体量优势。特气企业的优势在于对细化特气产品的技术积淀，以及对相应产品在下游客户的认证壁垒，目前来看，国内空分企业和特气企业不存在直接的竞争。

从林德集团的半导体工厂配气装置可以发现，气体服务是一项系统工程，包括超纯大宗气体、现场气体发生器、气瓶和批量供应的电子特种气体，另外还涉及大宗气体储存和分配系统、气柜和配气管等系统和专业服务等，逐渐从空分气体设备供应商向气体综合解决方案提供商蜕变。而慧瞻材料则专注电子特气，内生与收购，从单一品类向多品类拓展。慧瞻材料成立于2015年，前身为空气化工产品公司的电子材料部，后单独上市。公司于二十世纪七十年代进军电子行业，立足于三氟化氮等产品，逐步向整套电子化学品拓展。慧瞻材料的核心竞争力在于产品多样性、服务即时性以及客户的优质性。

（3）靶材

溅射靶材是制备薄膜材料的关键原料。溅射过程需使用离子轰击固体表面，使靶材中金属原子以一定能量逸出并在晶圆或其他材料表面沉积，形成一层薄膜以实现导电、保护等功能，被轰击的固体即为溅射靶材。

溅射靶材的种类较多，即使相同材质的溅射靶材也有不同的规格。以化学成分分类，包括应用于制作导电层具有良好导电性能铜、铝、ITO、ZAO；钽、钛等靶材用于制作阻挡层，保护导电层不受侵蚀和氧化。镍铂合金、钨钛合金、钴靶材用于制作接触层，与硅层生成薄膜提供与外部连接的接点。目前芯片制造工艺在 130~180nm 主要用铝及铝合金靶材作为导电层，65~90nm 主要应用铜靶材。28~45nm 主要使用纯铜铝和铜锰合金靶材。当芯片制程在 20nm 以下，尤其是小于 7nm 时，钴靶材在填满能力、抗阻力和可靠度三方面优势明显。

靶材上游是各类高纯金属，主要由霍尼韦尔、三菱材料、世泰科等境外企业供应。国内方钽业有一定高纯钽供应能力，2014 年至 2016 年跻身于江丰电子前五大供应商。

全球范围内高纯金属产业集中在美国、日本等地，国产靶材的大部分高纯原料依赖进口，铜钛铝小部分可以自给。挪威海德鲁是全球 5N5 级高纯铝最大的公司。全球范围内，高纯金属产业集中度较高，美国、日本等地的高纯金属生产商依托先进的提纯技术在整个产业链中居于十分有利的地位，这也是国外得以寡占靶材市场的重要原因。

其次，靶材制造涉及的工序繁多，技术门槛高、设备投资大，具有规模化生产能力的企业数量相对较少。目前全球靶材制造业，尤其是高纯度靶材市场，主要份额集中在海外巨头手中。美日龙头企业在掌握核心生产技术后，实施严格保密措施来限制技术外泄，并通过扩张整合把握全球溅射靶材市场的主动权，先发优势明显。全球市场呈现明显的寡头垄断特征，前四大厂商市占率合计近 80%。

全球靶材市场呈现寡头竞争格局，日矿金属、霍尼韦尔、东曹和普莱克斯四家企业占据 80% 市场份额。

国内靶材企业起步时间较晚，发展重点集中在低端产品领域。本土厂商供给约占国内市场的 30%，以中低端产品为主，高端靶材主要从美日韩进口。国内市场靶材主要参与者包括江丰电子、有研新材、阿石创和隆华科技等厂商。

国内企业中阿石创、隆华科技、有研新材和江丰电子靶材生产体量较大。其中阿石创、隆华科技产品主要用于面板、触控。江丰电子产品在半导体、太阳能光伏和面板领域均有覆盖，有研新材主要生产半导体靶材。

阿石创在面板领域主要生产钼、铝、铜、钛及 ITO 靶材，产品除面板、触控外还应用于光学器件、太阳能光伏和汽车 / 建筑玻璃镀膜等领域。开拓了华星光电、彩虹光电、中电熊猫等客户。

隆华科技通过收购四丰电子切入钼靶材领域，相关产品在面板领域认可度较高，客户包括三星、LG、京东方、华星光电等知名公司；通过收购广西晶联切入 ITO 靶材行业，目前已实现 G8.5 代产品稳定供货，首套 G10.5 产品早已交付。公司目前总共拥有钼靶材产能 500 吨 / 年，ITO 靶材产能 70 吨 / 年。

江丰电子是国内最大半导体芯片用靶材生产商，目前已可量产用于 90-7nm 半导体芯片的钽、铜、钛、铝靶材，其中钽靶材在台积电 7nm 芯片中已量产，5nm 技术节点产品也已进入验证阶段。公司客户包括中芯国际、台积电、格罗方德等知名半导体生产厂商。

有研新材半导体用 8 英寸、12 英寸铝、钛、铜、钴、钽靶材已通过客户验证并批量供货，客户覆盖中芯国际、大连 intel、台积电、联电、北方华创等芯片制造和设备企业。

3. 封装材料

集成电路封装测试是整个集成电路产业链的关键组成部分。对于封装测试产业来说，封装材料是整个封装测试产业链的基础。在半导体产品需求强劲的推动下，对半导体材料的需求也大幅增加，全球半导体材料市场的规模，在 2021 年也有扩大。国际半导体产业协会（SEMI）的数据显示，2021 年全球半导体材料市场的规模，达到了 643 亿美元，较 2020 年的 555 亿美元增加 88 亿美元，同比增长 15.9%，再创新高。其中晶圆制造材料市场的规模为 404 亿美元，同比增长 15.5%；封装材料市场的规模为 239 亿美元，同比增长 16.5%。

封装材料市场的增长主要受有机基板、引线框架和键合线领域的推动。带动这波涨势的正是背后驱动半导体产业的各种新科技，包括大数据、高性能运算（HPC）、人工智慧（AI）、边缘运算、先端记忆体、5G 基础设施的扩建、5G 智慧型手机的采用、电动车使用率增长和汽车安全性强化功能等。

SEMI 进一步指出，封装材料为上述科技应用持续成长的关键，用以支援先端封装技术，让集高性能、可靠性和整合性于一身的新一代芯片成为可能。封装材料的最大需求为系统级封装（SIP）和高性能装置的需求，复合年增长率将超过 5%；其中晶圆级封装（WLP）介电质的 9% 复合年增长率为成长最快。另外，尽管各种提高性能的新技术正在开发中，但追求更小、更薄的封装发展趋势，将成导线架（lead frames）、die attach 和模塑化合物（encapsulants）成长的阻力。

集成电路先进封装产品中所使用具体材料的种类及其价格虽然按照封装形式和产品种类的不同存在较大差异，但封装材料的成本一般会占到整体封装成本的 40%~60%。作为实现先进封装工艺的基础和保障，先进封装中的关键材料已经日益成为制约集成电路产业发展的瓶颈。

当前集成电路先进封装材料，主要包括集成电路 2.5D、3D 封装与集成、圆片级封装、倒装焊、系统级封装等先进封装形式中所需要用到的封装材料，不考虑芯片本身，仅考虑集成电路器件和模块外围封装结构及封装工艺中需要用到的相关材料。

随着封装形式的不同，封装中所使用的封装材料的种类各不相同。集成电路先进封装材料的分类方法很多，一般按照该材料在生产制造的最终产品中存在与否及该材料在生产制造过程中所起的作用来区分，可以分为主材料（或直接材料）和辅材料（辅助材料或间接材料）。依据材料的基本类别和封装对相应材料的需求，可以将封装材料分为封装基板、引线框架、键合线、封装树脂、陶瓷封装和芯片粘接等，其中封装基板是半导体封装材料中占比最高的耗材，价值量占比接近三分之一。根据国际半导体产业协会（SEMI）数据，全球半导体封装材料前五分别为封装基板、引线框架、键合线、封装树脂和陶瓷封装，占比分别为32.5%、16.8%、15.8%、14.6%和12.4%。

封装基板是先进封装所采用的一种关键专用基础材料，在IC芯片和常规PCB之间起到电气导通的作用，同时为芯片提供保护、支撑、散热以及形成标准化的安装尺寸的作用。具有薄型化、高密度、高精度的特点，封装载板也代表PCB产品中尖端的加工能力。封装基板由导电层和绝缘层组成，导电层之间通过绝缘层隔开；材料端：封装基板原材料主要有结构材料和化学品两类材料。结构材料有树脂基板（ABF、BT）、铜箔和绝缘材料，其中树脂基板是成本最重的结构性材料。

封装基板的技术壁垒高于普通PCB。封装基板在核心参数上要求更为严苛，特别是最为核心的线宽/线距参数，以移动产品处理器的芯片封装基板为例，其线宽/线距为20μm/20μm，封装基板作为一种高端的PCB，具有高密度、高精度、高性能、小型化及薄型化等特点，以移动产品处理器的芯片封装基板为例，其线宽/线距为20μm~15μm，在未来两三年还将不断降低至10μm/7μm，而一般的PCB线宽/线距要在50μm/50μm以上。

全球范围IC封装基板厂商主要集中于日韩，其主要原因还是高技术门槛和长时间的高研发投入需求。全球前三大厂商欣兴电子、Ibiden和三星电机分别占比14.8，11.2%和9.9%。全球前十大厂商包括欣兴电子、Ibiden、三星电机、景硕、南亚电子、新光电气、信泰、大德、日月光和京瓷，共占比83.3%。封装基板行业较PCB行业集中度更高。国产封装基板占全球市场的份额一直较低（占比仅4%），相比50%以上的PCB市场份额占比，封装基板的国产化还有很大的发展空间。

4. 辅助性材料

集成电路工艺中的辅助性材料包括：抛光垫和抛光液、高纯湿电子化学品等。

（1）抛光垫和抛光液

抛光垫和抛光液是CMP抛光工艺的关键材料。CMP抛光即化学机械抛光，主要应用于蓝宝石抛光和集成电路中的硅晶片抛光，是指化学作用和物理作用同时发生的一种技术，可以避免由单纯机械抛光造成的表面损伤和由单纯化学抛光造成的抛光速度慢、表面平整度和抛光一致性差等缺点。

CMP抛光是目前唯一可以提供硅片全局平面化的技术。抛光机、抛光液和抛光垫是CMP工艺的三大关键要素，由于工艺制程和技术节点不同，每片晶圆在生产过程中都会经历几道甚至几十道 CMP 抛光工艺，7nm 以下逻辑芯片中 CMP 抛光步骤达到三十步，使用抛光液种类近三十种。

抛光垫和抛光液是易耗品。CMP 工作时是将硅片放置在抛光垫上，在抛光液（含有纳米级 SiO_2、Al_2O_3 等粒子）的存在下，不断旋转，通过粒子的机械研磨和材料的化学反应同时进行，对材料表面进行平整。抛光垫通常由多孔性材料组成，表面有特殊沟槽，从而提高抛光的均匀性，通常抛光垫使用寿命为 45~75 小时。抛光垫和抛光液是 CMP 技术中两种关键材料，根据安集科技招股书数据，两者成本合计占抛光材料总成本的 82%。

全球抛光材料市场持续高速增长，2001 年至 2018 年，全球抛光材料市场规模复合增速达 10.13%。根据卡博特官网公开披露数据，2018 年全球抛光材料市场达 20.1 亿美元，其中抛光垫市场为 12.7 亿美元，抛光液市场为 7.4 亿美元。预计 2022 年全球抛光材料市场将达 26.1 亿美元。

其中，抛光垫是一种具有一定弹性且疏松多孔的材料，一般由含有填充材料的聚氨酯构成。抛光垫根据沟槽结构形式不同分为四个类别，每种结构的应用领域各有不同。

抛光垫上游原料为聚氨酯等基础化工原料，不同抛光垫生产企业根据拥有的专利不同而选择不同的抛光材料。例如罗门哈斯专注于使用多羟基化合物、多胺、羟基胺等高分子材料设计和生产抛光垫，东丽侧重于用尼龙纤维和聚合树脂等材料生产抛光垫，东阳橡胶则主要关注软质、硬质聚氨酯。我国抛光垫龙头企业鼎龙股份生产抛光垫的主要原材料也是聚氨酯，包括聚氨酯弹性体和聚氨酯发泡体等。

至于 CMP 抛光液，则是一种由研磨颗粒（如纳米 SiO_2、Al_2O_3 粒子等）、表面活性剂、稳定剂、氧化剂等组成的产品。研磨颗粒提供研磨作用，化学氧化剂提供腐蚀溶解作用。按照研磨颗粒不同，CMP 抛光液可分为二氧化硅抛光液、氧化铈抛光液、氧化铝抛光液和纳米金刚石抛光液等几大类，其中研磨颗粒为最主要原材料。

随着芯片制程不断精细，对抛光液需求逐渐增加。根据卡博特微电子，当逻辑芯片制程达到 5nm 时，约 25%～30% 生产步骤都要用到抛光液。存储芯片由 2D NAND 升级到 3D NAND 后由于结构更复杂，抛光次数增加，且约 50% 生产步骤需要用到抛光液。技术进步叠加芯片制程精细度提高，将为抛光液需求打开广阔空间。

抛光液市场被境外巨头垄断，卡博特微电子、陶氏杜邦、VSM、日本日立、富士美 CR5 共占据了约 78% 的市场份额。其中卡博特微电子占比最高达到 36%。2019 年，卡博特微电子抛光液收入 4.6 亿美元，占公司总收入的 44.3%。分区域看，2019 年公司在中国收入不足 10%（2018 年为 9725.4 万美元，占公司收入 16.48%）。国内厂商由于缺乏独立自主知识产权和品牌，庞大的国内半导体市场完全被外资产品占据。根据《2018 年中国市场 CMP 抛光液发展研究报告》统计，2017 年我国 CMP 抛光液消费量达 2137 万升，预计 2025 年将达 9653 万升，其中超过 65.7% 来源于境外厂。

我国抛光液产业难以发展原因有三：① CMP 抛光液在晶圆制造过程中成本占比较小，

仅占总成本的5.7%，导致国内晶圆厂对抛光液产品替代的动力较小，让我国CMP抛光液产业很难迅速发展；②头部企业的产品布局更齐全，可以为晶圆厂商提供全套的解决方案，而后来者无法做到龙头企业的覆盖面，以致替换难度较高；③外国企业进军抛光液市场较早，已经与全球晶圆厂建立起长期的合作关系，这种局面很难被打破。

但随着我国集成电路产业布局的开展，抛光液国产化进程也逐步加快，以安集科技、上海新阳为首的国产龙头企业依靠持续的研发投入和较强的技术优势，安集科技不仅打破了海外厂商对我国抛光液的垄断，而且还从头部巨头的口中抢回了部分市场。未来，随着国内半导体市场不断增长和国家政策对半导体和集成电路产业的支持，我国CMP抛光液国产化、本土化的供应进程将加快。

此外，专用化和定制化将给后起的国产厂商带来机遇。国产厂商可以集中有限资源发力研发某一特定应用领域抛光液，如专注铜及铜阻挡层抛光液，以此作为突破口打入市场。同时也可以凭借本土化优势，与国内主流的晶圆制造厂商展开深度合作，研发定制化的产品，逐步构筑壁垒。

（2）高纯湿电子化学品

高纯湿电子化学品分为通用性湿电子化学品和功能性湿电子化学品两大类。其中通用湿电子化学品是指在集成电路、液晶显示器、太阳能电池制造工艺中通用的湿电子化学品，包括酸、碱、有机溶剂、其他四个子类；功能湿电子化学品是指须通过复配手段达到特殊功能、满足制造中特殊工艺需求的配方类或复配类化学品。在集成电路产业湿电子化学品主要用于晶圆、面板、硅片电池制造加工过程中的清洗、光刻、显影、蚀刻、去胶等湿法工艺制程。按照组成成分和应用工艺不同可分为通用湿电子化学品（酸类、碱类、溶剂类，如硫酸、氢氟酸、双氧水、氨水、硝酸、异丙醇等）和功能性湿电子化学品（配方产品，如显影液、剥离液、清洗液、刻蚀液等）。

湿电子化学品上游是硫酸、氨水等粗化工品，下游主要用于生产半导体、面板和太阳能电池。三个应用场景对产品的纯度等级要求有所不同，太阳能电池领域对纯度要求相对较低，仅需达到G1、G2等级。显示面板领域一般要求达到G2、G3等级。半导体中分立器件对超净高纯试剂等级要求相对较低，基本集中在G2级；集成电路用超净高纯试剂的纯度要求最高，中低端领域（8英寸及以下晶圆制程）要求达到G3、G4水平，部分高端领域（大硅片、12英寸晶圆制程）要求达到G5等级。

在半导体领域，半导体用湿电子化学品质量要求最高。使用较多的湿电子化学品包括硫酸、双氧水等。2014年至2018年，我国计算机、消费电子、通信等产业规模持续增长，大大拉动了对集成电路的需求，半导体行业湿电子化学品需求量随之增长，根据中国电子材料行业协会数据，2020年半导体用湿电子化学化学品需求量将达45万吨。

三大集团占据高纯湿电子化学品市场主要份额。第一块市场份额由欧美传统老牌企业的湿电子化学品产品（包括它们在亚洲开设工厂所创的销售额）所占领，其市场份额约为

35%，主要企业有德国巴斯夫公司、美国亚什兰集团、美国奥麒化学品公司、美国霍尼韦尔公司等。第二块约28%的市场份额由日本的十家左右生产企业所拥有，包括关东化学公司、三菱化学、京都化工、日本合成橡胶、住友化学、和光纯药工业等。第三块市场份额主要是中国台湾、韩国、中国大陆企业（即内资企业）生产的湿法电子化学品所占，三者合计占有全球市场份额的35%。

2020年全球市场规模达到50.84亿美元，我国湿电子化学品市场规模为100.62亿元，2011年到2022年湿电子化学品CAGR达到15.36%，湿电子化学品市场空间大，国产替代需求强烈。湿电子化学品作为电子工业中的关键性基础化工材料被广泛应用于平板显示、半导体、光伏太阳能领域，其行业格局稳固，应用范围广泛，各项利好政策文件明确了湿电子化学品为国家战略性新兴产业。

就当前形势来看，全球湿电子化学品市场主要被欧美及日本企业所控制，与国外湿电子化学品制造商相比，国内制造商在生产技术，生产工艺和配方技术这几个方面都有提升空间，但是在本土化配套和服务方面具有一定的优势。特别在高端市场如12英寸晶圆和G8.5代以上高世代线平板显示器湿电子化学品要求达到G5级别，国产化率占10%左右。

从湿电子化学品产业地区分布来看，我国集成电路、面板行业具有显著的产业集群效应，目前形成了以华东地区为主体，逐步在西部地区投资扩产的格局。从湿电子化学品发展历程看产业转移，中国湿电子化学品行业正进入发展快车道。

但是技术水平差异仍是制约国产化的重要因素，资金瓶颈缓解助力湿电子化学品企业技术快速提升。目前国产材料较进口材料在长期稳定性、售后服务、工艺线指导等方面仍存在一定差异，主要有以下原因：①投入不足，我国湿电子化学品企业普遍发展时间较短，在发展时间、资金规模方面与国外巨头企业存在较大差距；②工艺技术落后，国内超净高纯试剂生产工艺主要以传统的蒸馏、精馏工艺为主，能耗高、工艺复杂、产品等级低、生产成本高，而国外企业离子交换、气体吸收、膜处理技术等先进工艺应用较为成熟；③配套设施不完善，例如产品最终分装及$0.1\sim0.2\mu m$颗粒测试过程中，需要配套10级超净环境，国内部分企业生产环境仍存在一定改进空间；④分析检测精密度不足，国内部分企业由于资金有限，难以承受价格高昂的高端检测设备，检测仪器设备的精度和准确率不足，同时检测管理、质量体系仍存不足；⑤包装、运输容器瓶颈，湿电子化学品存储运输容器一般需内衬PFA、PTFE等高性能氟树脂材质，国产包装容器在杂质溶出量、颗粒脱落量等指标方面与进口容器仍存一定差距，而进口容器造价高昂且供应能力有限。

（三）发展策略建议

集成电路材料领域的国产化率低，参与国际竞争能力远远不足，主要产品集中在中低端，而高端产品极度依赖进口。当前我国半导体材料机遇与挑战并存，国内集成电路产业正处于高速发展时期，有利于国产半导体材料在国内晶圆厂的放量验证，同时挑战在于需要解决长期的工程技术问题，应用上的难点，稳定性、重复性、经验积累等问题。以衬底、光刻胶为代表的材料技术水平当前仍处于追赶阶段，需要等待技术迭代中实现弯道超车的契机，重点关注下一代技术，全面布局。主要原因在于一方面是材料制备技术工艺无法突破，亟须加强前沿科技创新，另一方面是关键设备限制，集成电路产业核心设备掌控在欧美企业手中，因此加大国产设备研发成为当前我国集成电路产业发展的核心问题，最后是欧美日韩半导体公司多采取IDM模式，因此材料供应都有各自的受众。综合来看，国内半导体材料企业应与国内晶圆厂开展紧密合作，突破与国内IC制造工艺相匹配的材料工艺，绕开海外专利实现专门与国内产业技术相匹配的特色产品，发展纵向技术链。

参考文献

［1］ 胡晓，杨德林，马倩．政府与市场共演化驱动下中国集成电路产业国产替代路径研究［J］．科研管理，2023，44（11）：9–21.
［2］ 赵晋荣，韦刚，侯珏，等．集成电路核心工艺装备技术的现状与展望［J］．前瞻科技，2022，1（3）：61–72.
［3］ 韦刚，成晓阳，刘建，等．集成电路刻蚀装备及其核心部件的发展历程［J］．微纳电子与智能制造，2022，4（1）：5–13.
［4］ 王光玉．集成电路产业的核心工艺装备及其真空零部件［C］//中国真空学会真空冶金专业委员会，中国真空学会咨询工作委员会，中国真空学会真空工程专业委员会，真空技术与物理重点实验室．第十四届国际真空科学与工程应用学术会议论文（摘要）集．中国科学院沈阳科学仪器股份有限公司；真空技术装备国家工程实验室，2019：3.
［5］ 李嘉泽．静电吸盘吸附性能及其影响因素研究［D］．西安：西安理工大学，2023.
［6］ 林帅．一种静电吸盘．重庆市，重庆康佳光电技术研究院有限公司，2020–09–29.
［7］ 魏宏杰，潘昭海，江冰松，等．静电吸盘吸附技术建模与仿真系统设计［J］．设备管理与维修，2017（9）：40–43.
［8］ 赵洋，高渊，宋洁晶．干法刻蚀中晶圆表面温度控制研究［J］．电子工业专用设备，2023，52（5）：36–40.
［9］ 刘涛．射频电源和匹配器技术攻关与展望［C］//广东省真空学会（Guangdong Vacuum Society），广东省真空产业技术创新联盟，广东省半导体装备及零部件学会．第七届粤港澳真空科技创新发展论坛暨2023年广东省真空学会学术年会论文集．深圳市恒运昌真空技术有限公司，2023：1.
［10］ 陈永刚，彭程，支书播，等．氮化镓功率器件在宇航电源中发展与应用［J/OL］．电子设计工程，2024（22）：1-8［2024–04–22］.
［11］ 徐波，蔡红华，黄刚，等．四极质谱仪质量分辨指标的系统分析与航天应用［J］．传感器与微系统，2023，42（1）：154–157.
［12］ 居炎鹏，李心然．浅谈集成电路用金属溅射靶材研究现状［J］．有色金属加工，2024，53（2）：1–3.
［13］ 孙欣．华芯晶电：突破产业链上游"核心关键"［N］．青岛日报，2024–03–17（001）.
［14］ 赵元富，王亮．航天集成电路技术发展及思考［J］．集成电路与嵌入式系统，2024，24（3）：1–5.
［15］ 汪明飞．我国集成电路产业链的发展现状与对策建议［J］．智能制造，2024（1）：38–41.

[16] 唐华，施阁，何杰，等．国家自然科学基金在集成电路领域近十年资助状况与趋势分析［J］．电子学报，2024，52（2）：678-688．

[17] 胡楚雄，周冉，付宏，等．集成电路装备光刻机发展前沿与未来挑战［J］．中国科学：信息科学，2024 54（1）：130-143．

[18] 陈云霁，蔡一茂，汪玉，等．集成电路未来发展与关键问题——第347期"双清论坛（青年）"学术综述［J］．中国科学：信息科学，2024，54（1）：1-15．

[19] 张子晴，王一刚．微光刻材料标准化研究［J］．信息技术与标准化，2023（12）：85-88．

[20] 胡晓，杨德林，马倩．政府与市场共演化驱动下中国集成电路产业国产替代路径研究［J］．科研管理，2023，44（11）：9-21．

[21] 贺京峰．集成电路制造工艺的质量管理分析［J］．集成电路应用，2023，40（11）：28-29．

[22] 刘滨，夏姗姗，艾晶．日本集成电路材料产业发展的经验启示［J］．合成材料老化与应用，2023，52（5）：110-112．

[23] 何伟，周山山，李明成．集成电路专用材料标准体系及标准的分析研究［C］//中国标准化年度优秀论文（2023）论文集．宁波市标准化研究院，2023：6．袁振军，常欣，刘见华，等．集成电路用硅基材料分离纯化技术的应用研究进展［J］．绿色矿冶，2023，39（4）：61-65．

[24] 张跃．面向后摩尔时代集成电路的二维非硅半导体材料与器件［J］．科学通报，2023，68（22）：2871-2872．

[25] 卢向军，张勇，谢安．集成电路产业电子材料复合人才培养探索与实践［J］．教育教学论坛，2023（27）：37-40．

[26] 任殿胜，王志珍，张舒惠，等．8英寸半导电型GaAs单晶衬底的制备与性能表征［J］．人工晶体学报，2024，53（3）：487-496．

[27] 熊希希，杨祥龙，陈秀芳，等．低位错密度8英寸导电型碳化硅单晶衬底制备［J］．无机材料学报，2023，38（11）：1371-1372．

[28] 赵志飞，王翼，周平，等．基于国产单晶衬底的150 mm 4H-SiC同质外延技术进展［J］．固体电子学研究与进展，2023，43（2）：147-157．

[29] 罗阿华．光刻胶：国产化替代按下"快进键"［J］．中国石油和化工，2022（9）：40-41．

[30] 去年国内市场规模同比增长约40% 光刻胶迎来国产替代机会窗口［J］．信息系统工程，2021（8）：2．

[31] 李先军，刘建丽．产业基础领域强基战略：中国集成电路材料领域的竞争与发展［J］．产业经济评论，2023（5）：19-33．

[32] 李靖恒．电子特种气体国产替代进行中［N］．经济观察报，2022-06-20（021）．

[33] 慕慧娟，丁明磊，彭思凡．我国溅射靶材自主可控发展的经验及启示［J］．科技中国，2023（7）：1-6．

[34] 何金江，吕保国，贾倩，等．集成电路用高纯金属溅射靶材发展研究［J］．中国工程科学，2023，25（1）：79-87．

[35] 吴坚，习浩亮，吴念祖．功率半导体封装焊料的国产化研究与应用［C］//四川省电子学会，四川省电子学会SMT/MPT专业委员会．2021中国高端SMT学术会议论文集．上海华庆焊材技术股份有限公司，2021：9．

[36] 冯烈．超净高纯电子化学品关键技术开发及其产业化［R］．浙江建业化工股份有限公司，2017-11-17．

[37] 周铮．CMP抛光材料：先进制程提振需求国产替代空间广阔［J］．股市动态分析，2023（21）：52-53．

[38] 王海，周文，史巍．化学机械抛光垫在集成电路制造中的专利技术分析［J］．首都师范大学学报（自然科学版），2023，44（5）：52-61．

[39] 周国营，周文．芯片超精密抛光用CMP抛光垫研究进展［J］．广东化工，2023，50（16）：62-64，57．

撰稿人：常晓阳　尉国栋

先进封测技术设备发展现状和分析

得益于 5G 大规模商用、IoT 技术、智能网联汽车、人工智能等对高阶工艺需求的提升，封装测试业持续向好，成为后摩尔时代受到重点关注的领域。传统封测继续实现向高可靠、低成本方向纵深发展，先进封测重要性进一步凸显，晶圆级封测、系统级封测等技术产业化步伐不断加快。

未来，半导体封装测试市场将在传统工艺保持较大比重的同时，继续向着小型化、集成化、低功耗方向发展，先进封装在新兴市场的带动和半导体技术的发展，将实现 6.6% 的复合年增长率，附加值更高的先进封装将得到越来越多的应用，封装测试业市场有望持续向好。

一、传统封装测试及设备

（一）技术体系情况

我国企业进入封装行业时间较早、技术研发持续性较好，传统封装测试规模稳居世界第一，处于世界先进水平。配合我国在生产成本与市场方面的优势，封装测试成为全球集成电路产业中最先向我国进行转移的环节。

面向传统封装技术，因为技术具有不可替代性，其基本特点是重人力成本、轻资本与技术，在一定时间内，传统封装将与先进封装并行发展，在新款芯片对传统封装工艺提出新需求的同时，继续优化传统封装技术依然受到主流封装厂商的重视。现今，包括中小封装厂在内的我国企业已经全面掌握传统封装技术，成本、工艺技术差异化、产品的一致性与稳定性是厂商形成市场竞争力的关键。

我国在封测领域已深耕多年，但传统封测设备领域仍有待提升。与半导体制造环节相比，技术壁垒相对较低，封测设备有望率先实现国产化突破。传统封测领域，特别是封装特色设备（如引线键合机、分选机、划片机）和成熟度高、附加值较低的设备，封测设备的国产化率和设备采购率仍偏低。

我国封装设备国产化率低于制造设备。据国际招标网数据，封测设备国产化率整体上不超过5%，低于制程设备整体上10%~15%的国产化率，主要原因有三。一是产业政策向晶圆厂、封测厂、制程设备等有所倾斜，而封装设备和中高端测试设备缺乏产业政策培育和来自封测客户的验证机会；二是全球封测设备产业化较为成熟，后进入者盈利能力有限，国产化替代意愿不强，集成电路行业对质量管控较为严格，终端客户在主要生产设备的变更意愿较弱，不愿意承担质量变更的风险；三是本土化供应商在质量管控、技术能力上较行业先进仍有较大差距，无法满足大规模生产所需的质量、成本、性能等要求。

（二）技术供给情况

纵观全球封测市场，中国台湾占据了40%左右的市场份额，中国大陆地区营收约为20%。亚太地区依托制造产能集中和人力成本较低等优势，已经成为全球集成电路封装测试业的产能集聚地，并吸引了半导体整体产能的转移。我国台湾地区聚集了日月光（已完成对矽品并购）、力成、欣邦等一批全球最具竞争力的集成电路封装测试专业代工企业，台积电的先进封装技术更推动了全球超摩尔技术的创新突破。我国在封测领域起步早、发展快，世界领先，本土企业长电科技、通富微电、华天科技等三大封测龙头企业均已在企业规模上进入全球前十行列，依靠公司技术的研发与海外优质标的并购，已掌握全球领先的封测技术。

目前，中国集成电路封装测试业的比例尚处比较理想的位置，未来发展空间巨大。

从我国封测产业结构看，先进封装占比持续上升，但和全球还有一定差距。2021年国内规模以上的集成电路封测企业先进封装产品的销售额占到整个封装产业的36%左右，我国半导体产业下游发展迅速，消费电子、新能源汽车等产业也给我国半导体产业带来了大量的消费需求，目前我国已成为全球第一大消费电子生产国和消费国。在未来的几年中我国有望承接全球半导体产能的第三次转移。在集成电路封装测试业，我国已经形成长三角、京津冀环渤海湾、珠三角、西部地区等行业集聚区。其中，长三角地区集聚效应明显，是我国封装测试行业乃至集成电路产业最发达的地区，不但拥有长电科技、通富微电、晶方科技、华天科技（昆山）等本土龙头企业，还吸引了日月光、矽品等境外企业投资建厂，汇聚了我国集成电路封测业约55%的产值。珠三角地区封测企业则以中等规模内资企业与小企业为主，拥有华润赛美科、佰维存储、赛意法等企业，约占全国封测总产值的14%。中西部地区近年来凭借生产成本优势、制造业和上游配套产业发展拉动，成为我国集成电路封测业的新增长极，拥有全国约14%的封测产值。京津冀环渤海湾地区占有全国 13% 的封测产能，拥有威讯联合、瑞萨封测厂、英特尔大连工厂等相关厂商。

从国内封测业区域分布看，主要集中在长三角区域。江苏、上海、浙江三地占到我国封测业销售额的 73.3%。具体来看，根据江苏省半导体行业协会统计，截至 2020 年底，中国半导体封测企业有 492 家，其中 2020 年新进入半导体封测（含投产/在建/签约）企业 71 家，2021 年增加了 30 家左右。

从封测企业看，我国本土十大集成电路封测企业中，江苏企业占据四席。全国封测产业整体分布态势保持不变，本土封测企业排名略有变化，主要聚集在长三角地区。

二、先进封装及设备

（一）技术体系情况

目前，全球半导体行业先进封测与传统封测并行，Flip-Chip、QFN、BGA 等主要封装技术进行大规模生产，未来封装技术发展朝着两大板块演进，一是晶圆级芯片封装（WLP），包括扇入型晶圆封装（Fan-In WLP）、扇出型晶圆封装（Fan-Out WLP）等，在更小的封装面积下可容纳更多的引脚数；另一板块是系统级芯片封装（SiP）或异质集成，封装整合多种功能芯片于一体，实现模块体积的压缩，提升芯片系统整体功能性和灵活性。

伴随着 5G 的兴起，蜂窝网络频带的数量大量增加，对于适用智能手机和其他 5G 设备 RF 前段模块封装有新的要求。而数据中心和网络对于语音和数据流量的需求，也在推动系统架构的重要创新，迫使设计师在单晶片或先进封装上利用异构架构。这些都使得先进封装细分市场在系统级封装、2.5D 和 3D 封装架构领域的持续创新的趋势非常清晰。

先进封测的发展趋于多功能化和系统化，扇出型封装竞争激烈，硅通孔（TSV）封装技术到了爆发的年代，异质集成不断发展并逐步成为行业关注的焦点。异质集成可将不同工艺节点的裸 Die 通过 2.5D/3D 堆叠技术封装在一起，成为芯片封装的新趋势；近年来，具备模块化、定制化的优势的 Chiplet 模式得以兴起，推动了晶圆级封装技术的发展，使得设计、制造与封装成本大大降低；在 5G 的高速发展过程中，针对终端设备小型化的趋势，减缓信号传输中的衰减问题，带来了天线与射频前端模块一体化集成的 AiP（封装天线）技术，有助于推动系统级封装的发展。依靠先进的封测技术，可进一步实现体积微缩，并达到半导体全技术的异质集成。

先进封装在技术发展趋势上主要是起着 X-Y 平面电气连接和延伸的作用的再布线技术（RDL）会越来越细小，尺度进入亚微米。涉及 Z 轴电气连接和延伸的作用硅通孔（TSV）越来越细小，每平方毫米将可多达百万量级。系统级封装 Wafer 直径也越来越大，直至物理、经济极限。而传统的凸点技术（Bump）会越来越小，直至消失，被 Hybrid bonding 等技术所替代。

在先进封装设计方面，芯片设计的初期，可以用一个工艺节点制造出含 CPU、GPU、调制解调器、SRAM、Serdes／DDR等功能的SoC（System on Chip）。但是随着摩尔定律发展进一步放缓，工艺提升越来越困难，尤其是进入到7nm的工艺制程后只有很少的代工厂能做到。在这种情况下，业界对Chiplet技术寄予厚望。

如果按照芯片功能的不同，分别利用最合适的技术节点来制造，如图用Node A生产GPU、用Node B生产CPU、用Node C生产Serdes／DDR、用Node C生产SRAM，即分别在不同的晶圆上生产，集合（Integration）以上这些功能，即将以上这些功能集合在一颗芯片上，通过连接由单独的晶圆制造，最终形成具有某一功能的SoC技术"Chiplet"。

Chiplet技术是SoC集成发展到一定程度之后的一种新的芯片设计方式，它通过将SoC分成较小的裸片（Die），再将这些模块化的小芯片（裸片）互联起来，采用新型封装技术，将不同功能不同工艺制造的小芯片封装在一起，成为一个异构集成芯片。Chiplet的概念早在10多年前就被提出了，最初是从2.5D/3D封装演变而来，以2.5D硅通孔中介层集成CPU/GPU和存储器可以被归类为Chiplet范畴。

目前采用Chiplet技术而大获成功的另一个典型案例是AMD企业。其采用与台积电联合研发3D CPU封装的技术，AMD Ryzen9 5900x处理器运用3D Chiplet，采用了64MBL3缓存堆叠64MB SRAM，将16核处理器上使可用的L3缓存增加三倍。这种封装使得晶体管排列密度比常规的2D封装高出200倍。最新消费级处理器Ryzen7 5800X 3D包含额外堆叠缓存，每个Zen 3 Chiplet将包含32MB的L3缓存，由所有八个片上内核共享，无须进行基本的重新设计即可堆叠额外的缓存。正是采用了Chiplet技术，AMD处理器采用最优的设计工艺制造，不仅可以降低成本，提升良率，让多核复杂大芯片设计成为可能，同时，模块化设计思路也可以提高芯片研发速度，降低研发成本。

Chiplet异构集成封装技术有望解决因工艺提升困难而导致的芯片性能成本问题，但是仍面临诸多技术挑战，其中互联和封装是最需攻克的两大技术难题。在互连方面，由于在超短距离和极短距离链路上（裸片与裸片互联）数据传输速率高达112Gbps。芯片设计公司在设计裸片与裸片之间的互联接口时，首要保证的是高数据吞吐量，另外，数据延迟和误码率也是关键要求，还要考虑能效和链接距离。为此，设计厂商各出奇招：Marvell在推出模块化芯片架构时采用了Kandou总线接口；NVIDIA推出的用于GPU的高速互联NV Link方案；英特尔免费向外界授权的AIB高级接口总线协议；AMD推出的Infinity Fabric总线互联技术，以及用于存储芯片堆叠互联的HBM接口等等。

（二）技术供给情况

目前，我国台湾地区日月光、安靠科技、矽品均已掌握WLP、Fan-Out、Flip Chip、2.5D/3D封装技术并实现量产，中国大陆企业以传统封测为基础，纷纷加大对先进封测的投资力度并加紧研发，先进封测市场渗透率逐步增加，并逐步进行全球布局，至2021年，我国先进封装约占总体封装36%份额，先进封装占比有待进一步提升。

2021年7月，长电科技推出的面向3D封装的XDFOI系列产品，这基本上是一种RDL优先，高密度扇出技术，为全球从事高性能计算的广大客户提供了业界领先的超高密度异构集成解决方案，预计于2022年下半年完成产品验证并实现量产。长电科技目前先进封装已成为公司的主要收入来源，其中主要来自系统级封装，倒装与晶圆级封装等类型。当前长电科技正在开发具有2μm线宽和间距的RDL。相比eWLB的10μm/15μm的线宽和间距，长电科技正在进入高密度扇出市场，为客户提供新的选择。

通富微电和AMD一直深度合作，并且也在进一步加码先进封装。近年来募资55亿元，主要用于"存储器芯片封装测试生产线建设项目""高性能计算产品封装测试产业化项目""5G等新一代通信用产品封装测试项目""圆片级封装类产品扩产项目"和"功率器件封装测试扩产项目"。

除通富微电外，国内其他封装厂商也在努力研制先进封装。如华天科技致力于研发多芯片封装（MCP）技术、多芯片堆叠（3D）封装技术、薄型高密度集成电路技术、集成电路封装防离层技术、16nm晶圆级凸点技术等先进封装技术。

早期的海外并购使得中国封装企业快速获得了技术、市场，弥补了结构性缺陷。如国内封装巨头长电科技，其前身是江阴晶体管厂，2015年长电跨国并购了星科金朋。星科金朋是新加坡上市公司，在新加坡、韩国、中国上海、中国台湾经营四个半导体封装制造及测试工厂和两个研发中心，具有很强的研发能力。在长电科技并购了星科金朋后，行业排名从第六跃升为第四。

目前长电技术布局中，拥有FC（倒装）、eWLB（嵌入式晶圆级球栅阵列）、TSV（硅通孔封装技术）、SiP（系统级封装）、PiP（堆叠组装）、PoP（堆叠封装）、Fanout（扇出）、Bumping（凸块技术）等技术，已经实现了高中低封装技术全面覆盖。

大陆封装厂的并购，还有2016年通富微电收购AMD苏州、2019年华天科技收购马来西亚封装厂商Unisem等。

在国家集成电路产业大基金加持下，大陆封装厂商通过外延资本并购实现技术协同、市场整合与规模扩张，叠加内源持续高强度资本支出推进技术研发及产业化，实现了快速崛起。但随着海外日益严格的并购审核，以及可并购企业的减少，走并购的路子算不上是一个可以广泛使用的方式。在未来自主研发和国内整合或许会成为封装的主流。

而在先进封装技术层面，包括英特尔、三星和台积电在内的巨头都在布局。其中，英特尔在异构互联的道路上已进行了长期投入，多年前就推出了EMIB（Embedded Multi-Die Interconnect Bridge）技术，最近又推出了Foveros3D立体封装技术。不同于以往单纯连接逻辑芯片、存储芯片，Foveros可以把不同逻辑芯片堆叠、连接在一起，可以"混搭"不同工艺、架构、用途的IP模块、各种内存和I/O单元。基于Foveros 3D封装技术，英特尔推出了酷睿处理器"Lakefield"，其中，CPU、GPU核心采用的是10nm工艺，I/O部分所在的基底层则是22nm工艺制造。

TSMC 在尖端封装技术领域有十年的经验，领先于英特尔和三星，而且比三星、英特尔更早地采用了 Chiplet 的封装方法。2020 年 TSMC 曾展示一款基于 ARM 内核、采用 Chiplet 概念设计的芯片产品，利用了台积电 7nm 工艺、LIPINCON 互联和 CoWoS 封装技术制造。LIPINCON 是一种高速串行总线，它是台积电多年前就开始研发的裸片之间数据互联接口技术。CoWoS 是台积电推出的 2.5D 封装技术，称为晶圆级封装，通过芯片间共享基板的形式，将多个裸片封装在一起，主要用于高性能大芯片的封装。而在 IEDM2020 的"Advanced 3D System Integration Technologies"上，TSMC 提出一种不使用 TSV、经由 Interposer 连接芯片的 Chiplet 技术，被称为 InFO（Integrated Fan-Out）。这种技术已经应用于苹果手机的处理器中，TSMC 将此项技术命名为"3DSI（3D System Integration）"。

综上所述，TSMC、英特尔、三星都已经开始研发尖端封装技术。如今，TSMC 的尖端封装技术领先于其他公司，但是半导体行业对于 Chiplet 仍然没有固定的标准。基于以上情况，对于国内半导体制造企业，在受到美国制裁之后，先进工艺制程的研发受到限制，这种情况下，发展先进封装技术或可提供另一条可行道路。

除了芯片设计公司和芯片代工厂，国内从事封装制造的厂商也都在关注先进封装技术的部署，特别是 3D 芯片堆叠封装方面，紫光、武汉新芯、晶方科技、硕贝德等厂商已取得不错成绩。除了封装与互联以外，支持 Chiplet 芯片设计的 EDA 工具链以及生态的完善和可持续发展，也是 Chiplet 技术成功所需要解决的关键问题。时下，我国芯片产业正处于新窗口机遇时期，Chiplet 新型设计技术的出现，对国内集成电路产业无疑是一个后来居上的有利契机，但这需要全产业培育从架构、设计、晶圆到封装和系统的全套解决能力。

面对先进封装技术，在芯片小型化、高集成化的发展趋势下，先进封装技术是全球封测业竞逐的焦点，以此带动我国封测行业从"量的增长"到"质的突破"转变。由于摩尔定律的发展逐步放缓，未来半导体硬件突破将更加依赖于先进封装，且先进封装具有更加灵活，不受制于晶体管微缩技术节点，灵活性好，研发投入和设备投入成本较小等特点。我国封测行业应向利润附加值更高的高端封测转化，以资本支出取代人力成本作为新的行业推动力，发展先进封装技术将是解决各种性能需求和复杂异构集成需求等方面的不二之选。我国先进封装技术由长电科技、通富微电、华天科技、晶方科技等企业掌握，封装形式覆盖 SiP、SoC、2.5D/3D 等，封装技术囊括 WLP（包括 Fan-In 和 Fan-Out）、TSV、Bumping、Flip Chip、BGA 等。伴随我国封装技术的发展，先进封装技术应用比例不断提高，整体约 36% 产值来自先进封装，对于龙头企业，先进封装技术为企业贡献产值比例接近 50%。

长电科技通过海外并购，增强了 Fan-Out、SiP 等封装技术能力，迎合了 5G 芯片对于系统集成、天线集成技术的需求，并在先进封测业进行布局，提升了行业竞争力，实现营业收入的持续增长，巩固了行业地位。通富微电大力布局先进封装技术，发展苏通园区工厂的高端芯片产品封装业务，已具备封装 AMD 7nm 芯片产品的量产能力，实现高端市场份额的有效提升。华天科技不断布局 CIS、存储、射频、汽车电子等上游领域封测，产品在 5G 应用市场、新能源汽车等领域得到了广泛应用。

国内在先进封装能够成为未来主要的发展潜力主要有先进封装工艺代表型企业中芯国际，中芯国际是世界领先的集成电路晶圆代工企业之一，也是中国大陆集成电路制造业领导者，拥有领先的工艺制造能力、产能优势、服务配套，向全球客户提供 0.35μm 到 14nm 不同技术节点的晶圆代工与技术服务。中芯国际总部位于中国上海，拥有全球化的制造和服务基地，在上海、北京、天津、深圳建有三座 8 英寸晶圆厂和三座 12 英寸晶圆厂；在上海、北京、深圳各有一座 12 英寸晶圆厂在建中。中芯国际还在美国、欧洲、日本和中国台湾设立营销办事处、提供客户服务，同时在中国香港设立了代表处。

中芯国际具备 14nm 的先进逻辑工艺节点，以及 28–90nm 的成熟逻辑工艺技术。此外，中芯国际还掌握 DDIC、IGBT、eNVM、NVM、IoT Solutions 等多种特殊工艺。工厂具备先进的尖端半导体设备以及丰富的半导体制造经验。中芯国际还提供有设计服务支持，IP 支持（AE），涵盖 foundry libraries，模拟/混合信号 IP，高速接口 IP，嵌入式处理器与 DSP，嵌入式非挥发性记忆体（NVMs）和射频 IP。有一千多个内部 IP 可供选择，五十多家 IP 供应商，八百多个第三方 IP 可供使用。还具备芯片封测能力和业务，设计服务中心实验室可以提供基于 wafer 和封装测试样片的工程分析测试。其中测试样片包含 SOC，非遗失性存储器和单元库 IP，高速数字接口 IP，混合信号以及射频 IP。实验室同样可以提供 DIP、COB、QFP 等快速封装服务。

中芯国际不但具有成熟的前道工艺水平，还具备封测的能力，考虑到现在先进封装工艺大部分利用了前道工艺，参考国际 Foundry 大厂都在加紧布局先进封装领域，中芯国际在此领域具有技术和产业优势。如果可以搭上先进封装的顺风车，可以快速实现技术升级和市场拓展。

国内在先进封装涉及的装备，因前道设备可在后道实现"降档应用"，我国已具备较强的国产替代能力，如北方华创在先进封测领域的 PVD 市场国内占有率已超过 50%；上海微电子装备有限公司在先进封装光刻机产品方面形成了系列化和量产化；上海新阳可以电镀领域；华卓精科在晶圆键合设备；华海清科在 CMP 设备领域都有所布局。

封装制造新技术不断演进对集成电路装备技术发展提出新的要求。北方华创依托已有的刻蚀技术、物理气相沉积技术、化学气相沉积技术、热处理技术、清洗技术、精密气体计量及控制等核心技术，紧跟集成电路芯片的特征尺寸不断缩小以及由平面结构转向三维结构的产业发展趋势，开展技术研发工作，持续提升企业在先进封装市场上的技术创新能力和市场竞争力。

北方华创致力于集成电路设备领域，拥有集成电路、先进封装、半导体照明、宽禁带半导体、新能源光伏、新型显示、真空热处理等多领域的装备产品，帮助客户提升工艺性能、增大产能、降低成本，为集成电路领域提供核心工艺装备及核心零部件解决方案。其主要产品包括刻蚀、物理气相沉积、化学气相沉积、热处理、清洗等设备。

随着先进封装技术发展，3D堆叠核心技术—硅通孔TSV工艺也在不断发展，通孔尺寸向亚微米演进，对先进封装设备提出了更高的要求，向前道制程设备靠近，北方华创由于主营业务领域横跨前道制程和先进封装，可精准应对当下市场演进趋势。北方华创在封装设备，特别是TSV工艺全流程设备上的布局，涵盖从图案化后的TSV etch、Cu reveal、PEALD Liner、Barrier/Seed沉积等各关键环节，完善布局、雄厚的研发能力及丰富的工艺经验积淀，使北方华创可为2.5D/3D相关先进封装厂商提供成熟解决方案，满足客户严格的良率要求。

其致力于为先进封装领域提供关键设备及工艺解决方案，设备主要包括干法刻蚀机、PVD、Descum、PI胶固化系统以及湿法清洗机，应用于Flip-Chip、TSV、Fan-Out、Solder Bump、Copper Pillar、Gold Bump、2.5D/3D等先进制程。

北方华创在先进封装上，主要设备有TSV结构的刻蚀技术，其干法刻蚀机突破了等离子刻蚀机三项核心技术：等离子体源系统设计技术、多区温控静电卡盘设计技术、刻蚀过程中颗粒控制技术，开发出基于自对准双重图形技术（self-aligned double patterning, SADP）的刻蚀装备与工艺。等离子体源系统为保证晶圆上所有芯片制备的一致性，等离子体的均匀性控制非常重要。对位于工艺腔室上方的线圈加载射频功率，能够在接近真空的工艺腔室内感应产生出等离子体。以腔室中心轴为基准，在半径方向上设置多匝并列线圈，通过调节多匝并列线圈上的电流分配，获得大面积、高均匀性、高密度的等离子体，解决了平面方向的均匀性问题。通入气体在中央与边缘的流速、分布也会让等离子体的浓度有差异，进而表现出在不同位置的刻蚀速度不同。对气体通入方式的结构设计以及对参数的优化，能有效控制在晶圆半径方向的刻蚀行为。多区温控静电卡盘设计晶圆的温度对刻蚀结果也有直接的影响。在刻蚀过程中，采用静电卡盘模块来控制晶圆温度，能够调整改变晶圆上不同位置的温度，达成整片晶圆刻蚀的均匀性。刻蚀过程中颗粒控制颗粒的产生会破坏TSV通孔的堵塞，造成直接报废。在加工芯片时，大部分反应生成物会被真空排气泵及时排出，但仍然会有少数会在腔室表面吸附或滞留，形成颗粒，需要在反应腔内壁制作一层特殊的镀层，减少反应生成物的吸附和滞留，以实现对颗粒控制的高要求。

北方华创其在封装用的等离子去胶机BMD P300可兼容大翘曲Fan-Out晶圆，并具备多种Descum工艺处理能力。该系统具有较宽的工艺窗口，可实现高刻蚀速率、低工艺损伤以及优异的刻蚀均匀性和重复性。此外，该系统可实现8英寸和12英寸之间的快速切换。灵活的系统控制可满足先进封装的不同需求，能够提供全面的等离子去胶工艺解决方案。

另一领域企业，华海清科成立于2013年，是天津市政府与清华大学服务"京津冀一体化"国家战略，推动我国化学机械抛光（CMP）技术和设备产业化成立的高科技企业。目前华海清科已经成为一家拥有核心自主知识产权的高端半导体设备制造商，主要从事半导体专用设备的研发、生产、销售及技术服务，主要产品为 CMP 设备。

目前华海清科自主研发并生产的 CMP 设备已成功进入中芯国际、长江存储、华虹集团、英特尔、长鑫存储、厦门联芯、广州粤芯、上海积塔等行业知名集成电路制造企业，取得了良好的市场口碑，与客户建立了良好的合作关系。

华海清科开发的 Versatile-GP300 设备将高效减薄和抛光工艺集成，既能实现超平整减薄与表面损伤控制，又兼顾高效率与综合性价比，更匹配 3D IC 晶圆减薄市场的迫切需求满足 3D IC 制造、先进封装等制程的超精密晶圆减薄工艺需求，可提供超精密磨削、抛光、后清洗等多种功能配置，具有高刚性、高精度、工艺开发灵活等优势，主要技术指标达到了国际先进水平，填补了集成电路 3D IC 制造及先进封装领域中超精密减薄技术的空白。华海清科的首台 12 英寸超精密晶圆减薄机已进入客户产线验证。这是我国封装设备在实现国产半导体装备自主可控道路上的重要突破。

另外在先进封装企业方面，以军工为代表的航天微电子所形成了特色封装工艺，北京时代民芯科技有限公司（航天微电子所）成立于 2005 年，专业从事集成电路设计、开发、生产（不包括晶圆加工）和服务，是我国大规模和超大规模集成电路设计、封装、测试、筛选、可靠性考核及失效分析的大型骨干工程性研制单位。其公司以中、高端集成电路产品为主线，依托雄厚的资源和技术优势开展电路研发，产品涵盖导航、通信、计算机、汽车电子和消费电子等多个领域，部分产品已远销俄罗斯和法国等多个国家，为全球多家公司提供了产品与技术服务。

其中封装测试事业部隶属于北京时代民芯科技有限公司，2020 年 6 月由原封装测试中心改革为封装测试事业部，积极扩展对外服务，主要从事我国高可靠集成电路封装、测试、筛选、可靠性试验以及失效分析工作，旨在打造具有世界先进水平的宇航先进封装技术创新中心和国防科技"创新特区"，建成全国规模最大、技术最先进、质量保证最完备、市场占有率最高的高端元器件全产业链一站式服务平台。封装组现有员工三百余人、设备六百余台套、洁净厂房一万余平方米，固定资产近五亿。

其封装设计能力：具备国内领先的陶瓷封装设计能力，可实现定制外壳/基板设计、信号完整性仿真、电源完整性仿真、结构可靠性仿真、器件热学仿真等全套服务。

其封装加工能力：具备国际一流的陶瓷封装加工能力，拥有引线键合陶封生产线、倒装焊封装生产线以及功率器件与混合模块封装生产线，可提供 TO、SMD、CDIP、CLCC、CPGA、CQFP、WB-CBGA、FC-CBGA 以及 FC-CCGA 等全类型陶封产品以及塑封基板类产品封装服务。

其检测服务能力：具备国内领先的电路测试和可靠性试验能力，支持亿门级 FPGA、高性能处理器、高速高精度转换器等核心信号处理器件的测试程序开发、生产及质量保证服务；拥有 UltraFLEX、V93000 等高性能集成电路测试机四十余台，可满足常用各类超大规模集成电路圆片中测和成品测试。

航天微电子所是我国最大的航天、军工封测基地,在特色封装线具有重要地位。公司在芯片设计、特色封装、高性能测试等方面具有国际先进水平,且在先进封装领域有所布局,可为国内的先进封装产业提供强大助力。

(三)技术体系构成及趋势

我国的封测业虽然起步很早、发展速度也很快,但是主要以传统封测产品为主,近年来国内厂商通过并购,快速积累先进封测技术,已实现部分领域量产,但是整体先进封测营收占总营收比例与中国台湾和美国地区还存在差距。世界封装测试业前十位的企业中,中国台湾占五席,市占率为44.1%;中国大陆占三席,市占率仅为20.1%;在前三十家封测企业中,外资和台资企业在数量、规模及技术能力上都强于内资企业。

先进封装技术作为超越摩尔定律发展的重要手段之一,实现不同工艺器件的一体化互连是当前电子系统小型化、实用化、多功能化的使能技术。随着芯片制程的进一步微缩,先进封装技术存在向晶圆厂转移的趋势,如台积电布局封测业务,并垄断高端封测领域,其InFO、CoWoS、SoIC技术锁定量少质精的高端芯片封装,晶圆厂降维整合封测技术对产业格局有着深刻的影响。

在摩尔定律放缓和新兴产业的推动下,半导体产业链趋于整合发展,发展先进封测成为必然选择,并带来半导体行业竞争格局的转变。前后道工序不断整合,代工厂涉足先进封装业务,例如,台积电公司的晶圆级封装测试业务取得长足进展,成为支撑中国台湾地区集成电路封装测试业发展的新动能;此外,IDM公司也纷纷加大对先进封测的投资力度,并推动半导体产业链的进一步整合。例如,英特尔、三星持续性研发先进封测技术,进一步推动半导体异质整合的发展。

咨询机构Yole Developpement发布了最新数据。数据显示,2021年,全球半导体厂商在先进封装领域的资本支出约为119亿美元。其中,英特尔投入35亿美元发展先进封装技术,中国台湾的台积电在先进封装领域投入30.5亿美元,日月光在先进封装领域投入20亿美元,三星在先进封装领域的资本支出为15亿美元。中国大陆方面,长电科技和通富微电上榜,在先进封装领域的投入额分别为5.93亿美元和4.87亿美元。

未来几年,先进封装的市场规模有望不断扩大。据Yole测算,预计到2027年,先进封装市场收入将达到78.7亿美元,高于2021年的27.4亿美元。预计2021年至2027年,先进封装市场的复合年增长率将达到19%。从具体市场份额来看,预计到2027年,UHD FO(超高密度扇出)、HBM(高带宽显存)、3DS(3D内存封装)和有源硅中介层将占总市场份额的50%以上。与此同时,嵌入式硅桥、3D NAND堆栈、3D SoC和HBM(高带宽显存)的复合增长率将大于20%,市场增速最为明显。

（四）发展策略建议

我国先进封装技术与国际领先水平有一定差距，在自给率和供应链上面临核心瓶颈。在高密度集成、异质集成方面与国际领先技术差距较大，在最为关键的核心竞争力方面有待提升。

供应链安全风险较大。随着中美经贸摩擦，甚至可能存在的进一步地对中国半导体行业的制裁升级，受制于人的风险加大。需要国内产业链互相支持，验证并使用国产设备和材料，不断促进国产产业链的能力提升和量产化。先进封测技术发展仍迟滞于国际先进水平，向上兼容面临诸多挑战。

在未来我国封测领域重点技术研发布局方面，封测技术方面主要有四点。①加大成品制造技术和产能的投资力度；规划大规模晶圆级微系统集成新项目；②高可靠高密度陶瓷封装技术、高可靠塑封技术、晶圆级封装、2.5D硅转接板、TSV叠层封装、SiP封装技术；③针对大功率功率器件及高可靠性汽车电子封测技术在迅速发展；④基于先进封装平台开发特色封装产品线。

设备、材料方面，正围绕着先进封装等提供先进的技术。设备方面主要包括：5G PA类异形芯片共晶焊装片机、开发50μm以下lowK存储芯片隐形切割设备等。材料方面主要包括：开发多圈premold预包封超大尺寸QFN框架、研发用于高性能计算HPC产品的大尺寸高层数FCBGA基板、研发用于晶圆级封装的PI光刻胶及高分辨率（2μm以下）PR光刻胶等。

材料是封测业的核心成本。封装材料的价格水平对封测厂的成本和盈利能力有显著影响。封测企业的成本结构中，材料占比通常为60%～70%，折旧成本占比10%～15%，人工成本10%～15%左右。根据SEMI数据，封装材料的构成比例中，占比最高的是封装基板（38.39%），而后依次是引线框架（15.54%），包封材料（15.04%）和键合丝（13.94%）。由于半导体封测行业本身利润率水平较低，因此在技术差别不大的情况下，生产规模及成本管控决定了行业内公司的竞争力。

我国高端材料大部分仍依赖进口。先进封装材料方面，高端承载类材料蚀刻引线框架与封装基板、线路连接类材料键合丝与焊料、塑封材料环氧塑封料与底部填充料等仍高度依赖进口，2019年国内企业主要在中低端领域有所突破，高端领域个别品种实现攻关。国内封装基板产业起步较晚，目前国内基板市场约占全球市场的10%。国内企业的量产产品主要用于引线键合式封装的低端基板产品，而用于倒装芯片封装的高性能多层基板产品仍处于研发阶段，远远落后于国际先进水平。

究其原因，一是产业政策向晶圆厂、封测厂、制程设备等有所倾斜，而封测设备和中高端测试设备缺乏产业政策培育和来自封测客户的验证机会；二是全球封测设备产业化较为成熟，后进入者盈利能力有限，国产化替代意愿不强，集成电路行业对质量管控较为严格，终端客户在主要生产设备的变更意愿较弱，不愿意承担质量变更的风险；三是本土化供应商在质量管控、技术能力上较行业先进仍有较大差距，无法满足大规模生产所需的质量、成本、性能等要求。先进封测材料方面，高端承载类材料蚀刻引线框架与封测基板、线路连接类材料键合丝与焊料、塑封材料环氧塑封料与底部填充料等仍高度依赖进口，半导体封测材料市场主要被日韩台等地垄断，国产材料自给率不高，定价权为海外供应商掌控。

整体来讲，目前封测企业在国际上已拥有较强竞争力，且规模优势明显。近年来，受惠于政策资金的大力扶持，我国封测企业国际影响力和行业地位日益提升，未来有望抢占更多的市场份额。后摩尔时代技术发展趋势减缓，创新空间和追赶机会大。集成电路尺寸微缩的重点将取决于性能、功耗、成本三个关键因素，新材料、新结构、新原理与三维堆叠异质集成技术是IC行业发展的重要推动力。

建议加大对先进封装技术的布局支持，借道先进封装弥补制造环节短板，进一步缩小与国际先进水平差距。① 巩固封装规模优势，加快布局先进技术，更加关注芯片成品制造环节。先进封装是后摩尔时代的重要颠覆性技术，对提升集成电路整体性能和产业附加值都愈发重要。② 加强产业统筹协调，加大主体支持，支持产业链协同创新。加强集成电路生态链建设，国家层面给予相应的政策扶持；鼓励产业链相关验证并使用国产设备和材料，推动产业整体进步；扶大扶强扶特色企业，集聚资源，避免同业恶性竞争。③ 推动产业链协同发展，加强技术合作，加大扶持封测企业。建立设计、制造、封测领域企业之间良好沟通渠道，进一步缩短研发周期，提高生产效率，共同参与新产品和高端产品的开发，加大对重点技术、重点公司、重点项目的扶持力度；制定有利于半导体行业发展的环境和土地使用政策；提供优惠的融资支持，出台技术创新鼓励政策。④ 关注人才的吸引和培养。提升人才政策，制订并落实集成电路和软件人才引进和培训年度计划；加强校企合作开展集成电路人才培养专项资源库建设；推动国家集成电路和软件人才国际培训基地建设。

三、工艺量测设备

集成电路测试为其生产过程的核心环节，通过分析测试数据，能够确定具体失效原因，并改进设计及生产、封测工艺，以提高良率及产品质量。后道测试设备具体流程可分为在线参数测试、硅片拣选测试、可靠性测试及终测。在线参数测试用于晶圆制造环节，用于每一步制造端的产品工艺检测；硅片拣选测试用于制造后的产品功能抽检；可靠性及终测均在封装厂进行，用于芯片出厂前的可靠性及功能测试。其主要测试步骤为，将芯片的引脚与测试机的功能模块连接，对芯片施加输入信号，并检测输出信号，判断芯片功能和性能是否达到设计要求。

根据ITRS的数据，单位晶体管的测试成本在2012年前后与制造成本持平，并在

2014年之后完成超越，占据芯片总成本的35%～55%。受先进制造、新能源汽车、物联网、5G、人工智能、云计算、大数据、新能源、医疗电子和安防电子等为主的新兴应用领域强劲需求带动。全球半导体制造重心转向中国，拉动国内半导体设备发展，尤其中国封装测试产业快速发展，拉动测试设备市场需求，并购成为半导体测试设备行业主旋律，市场集中度不断提升。

（一）应用场景和基本分类

随着半导体产业的发展，半导体产业中的量测设备将扮演越来越重要的角色。这些设备具备优化制程控制良率、提高效率和降低成本的关键功能。我国的半导体检测设备市场广阔，这一趋势主要由以下原因所推动。首先，当前复杂的国际形势使得国产替代的需求迫切。其次，国家政策的大力支持使得集成电路产业得以快速发展。同时，半导体产业的重心正在逐渐从国际市场向国内转移，为国内量测设备市场带来了难得的机遇。实际上，我国已成为全球最大的工艺量测设备市场。此外，随着新的应用领域不断涌现和新器件性能的不断迭代为IC设计公司提供了发展机遇，也使得芯片的集成度不断提高，进一步增加了半导体行业对检测设备的需求。

半导体检测设备可分为前道工艺量测检测设备和后道测试设备。前道检测设备用于半导体加工制造环节，其目的是检查各工艺环节后产品的参数是否达到设计要求，以及是否存在缺陷。这种检测是针对物理性的因素进行的。半导体后道测试设备则主要用于晶圆加工之后的封测环节，目的是检查芯片的性能是否符合要求，进行电性能检测。

前道量测设备主要功能是在集成电路生产过程中，对经每一道工艺的晶圆进行定量测量，以保证工艺的关键物理参数满足指标如膜厚、关键尺寸（CD）、膜应力、折射率、掺杂浓度、套准误差等。半导体制造的上千道工序中，如果每一个环节的良率为99.9%，那么最后成品的良率将只有36.8%，所以在工序进行中的关键环节上通过检测及早发现问题，提升最终的成品率。

前道量测检测设备主要从物理性的角度进行检测，注重监控制造过程中的工艺参数。根据功能的不同，这些设备可以分为两类：量测类和缺陷检测类。量测类设备主要用于测量透明薄膜厚度、不透明薄膜厚度、膜应力、掺杂浓度、关键尺寸、套准精度等指标。为了满足这些需求，常用的设备包括椭偏仪、四探针、原子力显微镜、热波系统、扫描电子显微镜和相干探测显微镜等。缺陷检测类设备主要用于检测晶圆表面的缺陷。这些设备可以分为光学显微镜检测和扫描电镜检测两种类型。光学显微镜可以用于观察和识别一些较大的缺陷，而扫描电镜则能够提供更高的分辨率，用于检测微小缺陷和表面形貌。

根据应用场景的不同可分为量产工艺线设备和研发线设备。

量产工艺线设备的主要目的是对量产工艺线上的半成品进行监测，及时淘汰不合格的产品从而降低后续加工的成本浪费，以及一些能够对缺陷原因进行简单分析的量测设备。量产工艺线设备主要是一些光学缺陷检测设备，例如图形晶圆光学明/暗场缺陷检测、光刻板光学缺陷检测、光刻板空间成像检测、无图形晶圆激光扫描表面检测和光谱椭偏仪器。

研发线设备主要是指用于研发过程中需要对样品进行细致观察从而能够萌发创新思路的分辨率较高、成本较高的量测设备，这类设备由于分辨率高，还能够对缺陷产生原因进行深入分析。例如扫描电子显微镜SEM、透射电子显微镜TEM、聚焦离子束显微镜FIB、X射线衍射分析XRD、原子力显微镜AFM等。

（二）基本技术内涵

工艺量测设备的需要测量的参数主要有电阻、膜厚、膜应力、折射率、掺杂浓度、关键尺寸、套刻标记、无图形表面缺陷、有图形表面缺陷。其中量测类设备，对薄膜性质、套刻、关键尺寸等各类参数的进行测量；缺陷检测类设备是基于量测，对晶圆表面的缺陷进行检测，可以认为是对量测结果一种的分析与运用。

1. 工艺量测原理

在介绍量测类设备之前，简要地对各种参数的基本原理进行阐述。主要包括电阻、掺杂浓度、膜厚、膜应力、关键尺寸、套刻精度这些参数。

（1）电阻测量原理

四探针法测电阻

目前集成电路行业内主流的测量电阻的原理主要是四探针法。四探针法是一种常用的电学测试技术，用于测量薄膜材料或半导体器件的电阻性质。四探针法测量样品电阻基于一下原理，在待测试的薄膜或器件表面，通过四个相互独立的探针接触，形成一个四边形或直线的电流通路。两个外侧的探针作为电流引入端，施加一个恒定电流，而内侧的两个探针则用于测量电压。这种配置可以有效地消除接触电阻对测量结果的影响。

涡流测量技术

除了接触式的四探针法测电阻，涡流测量技术提供了一种用于测量导电薄膜电阻的非接触式技术。

通过线圈施加时变电流，产生时变磁场，当靠近导电表面时，会在该表面感应出时变（涡流）电流。这些涡流反过来会产生自己的时变磁场，该磁场与探针线圈耦合，产生与样品的薄层电阻成正比的信号变化。

电阻测量在集成电路行业中的应用非常广泛，特别是在半导体材料的表征和质量控制方面。它可以用于测量半导体材料的电阻率，确定掺杂浓度和载流子迁移率等关键参数。此外，四探针法还被用于研究薄膜材料的电导性质和热电性能，以及评估半导体器件的电性能和可靠性。

掺杂浓度测量原理

用于芯片制造的半导体材料，实际上并不是高纯极高的本征硅，而是掺杂了少量杂质如磷（P）、砷（As）和锑（Sb）等施主杂质或硼（B）、铝（Al）和镓（Ga）等受主杂质。施主杂质和受主杂质的掺入可通过适当的制备方法和工艺控制，以实现对半导体材料的电学性质和导电类型的调控。对掺杂浓度的检测对于半导体材料和器件的制备、性能调控、质量控制和研究具有重要的意义。它是实现半导体器件性能和功能要求的关键步骤之一。

目前工业上用于对杂质浓度进行在线检测的常见技术为四探针法测电阻推算杂质浓度和热波系统技术。

通过电阻率测量推算杂质浓度

对于已知尺寸的样片，结合材料的尺寸信息，通过测量掺杂后半导体样品的电阻值，可以反推出杂质的浓度。四探针法测电阻的方法在电阻测量原理中已有描述。电阻率与杂质浓度的关系可以通过仿真计算来获得，也可通过理论推导得知。通过电阻率测量和上述推导的电阻率与掺杂浓度关系，可计算出半导体的掺杂浓度，实现对半导体掺杂浓度的检测。

热波系统

热波技术是在微电子工业制造过程中广泛应用的一种监测杂质离子注入剂量浓度的方法。该技术利用激发光在半导体内的加热效应，引起另一束探测光的反射系数发生变化。这种变化的幅度与半导体中杂质和缺陷的浓度有关。通过将晶格缺陷的数量与离子注入条件相关联，并与定标数据进行比较，可以得到半导体的掺杂浓度。

热波技术的原理是利用激发光在半导体表面产生热波，这种热波会传播到半导体内部并与杂质离子相互作用。这种相互作用会导致半导体的折射率发生变化，从而引起探测光的反射系数发生变化。这个变化的量值与半导体中杂质离子的浓度成正比。

通过测量探测光的反射系数变化，可以得到半导体中杂质离子的浓度。为了实现这一目标，需要建立一个与晶格缺陷数目相关的标准曲线或者定标数据。然后，将实际测量得到的反射系数变化与定标数据进行比较，从而确定半导体的掺杂浓度。

泵浦激光器（pump laser）调制在 1 MHz，以诱导在测量材料中热波和等离子体波。这些波在材料表面下传播几微米，并与晶格中的点缺陷相互作用。利用探针激光器（probe laser）探测由振荡热波和等离子体波引起的反射率变化。

（2）膜厚测量原理

薄膜测量方法主要分为两类，即探针法和光学法。

探针法是通过监测精细探针经过薄膜表面时的偏移来测量薄膜厚度及粗糙度。探针法在测量速度和精度上受限，并且测量厚度时需要薄膜中存在"台阶"，或者可以通过适当损坏样品获得"台阶"。探针法通常是测量不透明膜的首选方法，如金属膜。常见设备如台阶仪（stylus profilers）、原子力显微镜（atomic force microscopy，AFM）等设备。原子力显微镜其原理与台阶仪类似，作为一种成像技术，在基于成像的关键尺寸测量部分阐述。台阶仪也称为轮廓仪，是接触式的用于检测表面形貌的设备。其工作原理是通过探针轻轻滑过被测表面时，样品表面微小的起伏使触针在滑行时产生上下运动。探针运动过程中的高度变化反映了样品表面的轮廓情况。由于不可避免的环境噪音的影响，探测到的电信号还需要经过测量降噪和放大处理，处理后形成与探针位移成正比的高度变化信号。

光学法是一种通过测量光与薄膜相互作用来获取薄膜特性的方法。它可以用来测量薄膜的厚度、粗糙度以及光学常数（折射率和消光系数）。光学法具有快速、准确、无损的特点，并且通常只需要对样品进行很少或者根本不需要特殊处理，因此在测量各种透明介质膜、半导体薄膜和非常薄的导电类薄膜时，常常是首选的方法。

基于椭圆偏光法的椭偏仪的基本结构，包含激光光源、起偏偏振片、波片、样品台、检偏偏振片、CCD探测器。

（3）膜应力测量原理

薄膜应力是影响器件的性能、寿命和可靠性重要因素，通过测量和控制薄膜应力可以优化器件性能、提高可靠性，并减少薄膜失效的风险。此外，薄膜应力的测量对薄膜制备和工艺优化至关重要，可帮助调整工艺参数，改善薄膜的质量和均匀性。对于材料选择和设计方面，薄膜应力测量有助于选择合适的材料组合和设计方案，减小应力不匹配的问题，提高器件的稳定性和性能。薄膜应力测量为半导体行业提供了关键工具，用于优化器件性能、提高制备效率和保证产品质量。

薄膜应力的测量方式通常为曲率法包括机械法和干涉法，主要通过测量基体受应力作用后弯曲的程度测量薄膜应力。

在薄膜残余应力的作用下，镀有薄膜的基底会发生挠曲。可以测量到挠曲的曲率半径。基底挠曲的程度反映了薄膜残余应力的大小，根据该计算方法可给出如下各种薄膜应力的测试方法。

一是机械法，也称为悬臂梁法，是一种用于测量薄膜应力的方法，其原理是将薄膜镀到基底上，并通过观察基底的弯曲程度来推断薄膜的应力状态。当薄膜应力为压应力时，基板表面呈现凸面形变；而当薄膜应力为张应力时，基板表面则呈现凹面形变。为了实现测量，我们可以构建一个机械式悬臂梁装置。该装置由一个夹具固定在基板一端，并且有一个测试装置用于观测悬臂梁自由端的变形量。测量的原理是将激光照射在自由端的一个点上，并在基底表面镀膜后再次进行相同的测量。通过计算和修正后的Stoney公式，我们可以得到自由端的位移量，并进而计算出薄膜的应力大小。在对薄膜应力进行测试时，也可以采用电容法（适用于金属片）测量基底自由端的位移量。

悬臂梁法适用于基片弹性好，厚度均匀，薄膜厚度与样品长度的比值较小的样品。

二是干涉法，又称为基片曲率法，是一种测量薄膜应力的方法，利用Stoney公式来计算。该方法主要适用于圆形或长方形的基底。在干涉法中，当薄膜沉积到基片上时，薄膜与基片之间存在二维界面应力,导致基片发生微小的弯曲。当薄膜样品具有平面各向同性时,圆形基片近似呈现球面弯曲,而长方形基片则近似呈现圆柱面弯曲。通过测量基片在镀膜前后的曲率变化,可以得到薄膜应力的信息。

测量曲率半径的方法主要有牛顿环法,激光干涉法等曲率半径的测量方法。牛顿环法利用光的等厚干涉原理来计算基板的曲率。激光干涉法利用干涉仪,根据相位移求出镀制薄膜前后的基板曲率半径。

在薄膜沉积和热处理过程中,样品平面的变形在几何上处于线性范围时,扫面激光法能很方便地测量样品的曲率值,光栅反射法不要求使用单色光束,对于平板的全场非均匀曲率来说,它是一种很有效并且简单的方法。

(4)关键尺寸测量原理

关键尺寸(critical dimension,简称CD)是指在集成电路光掩模制造及光刻工艺中为评估及控制工艺的图形处理精度,特设计一种反映集成电路特征线条宽度的专用线条图形。关于关键尺寸的测量已经发展了多种测量手段,如光学散射测量(scatterometry, optical CD)、原子力显微镜(CD-AFM)、透射电子显微镜(CD-TEM)和扫描电子显微镜(CD-SEM)。

光学散射法本质上是一种基于模型的测量技术,通过测量周期性纳米结构的散射信息,求解逆问题来重构待测纳米结构的三维形貌。

目前已经发展了多种纳米结构正向散射模型的数值求解方法,如有限元法(FEM)、边界元法(BEM)、时域有限差分法(FDTD)、严格耦合波分析(RCWA)。其中,RCWA亦称傅里叶模态法(FMM),由于其数值求解过程比较简单、计算速度快、实现相对容易,因而在光学散射测量中获得了广泛应用。

成像测量法利用原子力显微镜、扫描电子显微镜、透射电子显微镜等等成像技术成像后,再对芯片上的关键尺寸进行测量。成像测量法的特点是精度高,成像时间慢,成本较高,因此,不利于实时在线检测,一般用于前沿研究与制造。下面介绍各成像技术的成像原理。

原子力显微镜通过探针针尖与样品的相互作用力来感知样品表面的起伏与粗糙度。它的工作模式一般可分为三种,即接触模式(contact mode),非接触模式(non-contact mode)和敲击模式(tapping mode)。

接触模式中,探针直接与待测物表面接触感知两者之间的原子力交换作用。由于直接接触样品,对样品会造成一定的损伤,尤其是柔性材料。这个作用的大小是可调节的,通常较大的力可获得更好的分辨率,但也更容易损伤样品。

非接触模式利用的是范德华力,探针不用与样品直接接触,也就不会损伤样品。但范德华力对距离的变化较小,因此需要良好的信号调制与降噪技术。该模式在空气中的分辨率有限,一般可达到55nm。在真空中可达到原子级分辨率。

敲击模式是非接触模式的改良方案，拉进探针与样品的距离，通过敲击的方式，在波谷与样品轻微接触，样品表面的起伏会导致敲击振幅的变化。分辨率介于接触式和非接触式之间，几乎不损坏样品。

原子力显微镜（AFM）是一种先进的显微镜技术，其基本结构可划分为三个主要部分：力检测模块、位置检测模块和反馈系统。

力检测模块是 AFM 系统中的关键组成部分。它利用微悬臂上的探针针尖来检测原子间的相互作用力。微悬臂具有特定的几何尺寸和弹性特性，如长度、宽度和弹性系数，针尖的形状也是根据样品的特性和操作模式选择的。通过测量微悬臂在作用力变化下的弯曲或振动，可以获取有关样品表面特性的信息。

位置检测模块用于检测微悬臂的位置变化。当探针针尖与样品发生相互作用时，微悬臂会发生位移或摆动。这里采用激光照射在微悬臂上，并通过检测反射光的位置变化来放大位置变化，并转化为电信号进行位置检测。这种方法能够高精度地测量微悬臂的运动，从而实现对样品表面的纳米级别的扫描。

反馈系统在 AFM 系统中起到关键的作用。它利用激光检测器记录信号，并将其作为反馈信号传递给内部的控制系统。根据反馈信号，反馈系统可以调整通常由压电陶瓷制成的扫描器的位置，以维持样品与针尖之间的恒定作用力。这种反馈机制使得 AFM 能够实时调整扫描器位置，以保持良好的力控制，并获得高质量的表面拓扑图像。

原子力显微镜（AFM）通过集成力检测模块、位置检测模块和反馈系统，实现对样品表面特性的呈现。通过微悬臂感测针尖与样品间的相互作用力，并利用激光检测器记录微悬臂的位移，反馈系统对扫描器进行实时调整，最终以影像的方式展示样品的表面特征。

相比于光学关键尺寸测量，电子束关键尺寸测量（CD-SEM）扫描电子显微镜在关键尺寸测量中的应用拓展，可以实现更高的精度，能够实现沟槽中的深槽和孔的底部尺寸的测量，以及 3D NAND、NAND Flash、Fin FET 等三维结构的测量；缺点在于测量速度较慢。

电子束由电子源形成，并利用正电位向试样加速。电子束被限制并使用金属孔和磁透镜聚焦成一束薄的、聚焦的、单色的光束。束流中的电子与样品中的原子相互作用，产生包含其表面形貌、成分和其他电学性质信息的信号。这些相互作用和影响被探测器检测并通过数据处理转化为图像。

电子束与样品之间的能量交换会导致高能背散射电子的弹性散射反射、低能次级发射、俄歇电子的非弹性散射发射以及电磁辐射（X 射线和阴极发光）的发射，每一个都可以被各自的探测器探测到。被试件吸收的束流也可以被检测并用于创建试件电流分布的图像。各种类型的电子放大器用来放大信号，电子探测器将信号转换成数字图像并显示在计算机显示器上。

透射电子显微镜（transmission electron microscope，简称 TEM）是一种基于电子束的

显微镜，通过使用电子束而不是可见光来观察样品的细节。与光学显微镜不同，TEM 利用电子的波动性和与物质相互作用的方式来获得高分辨率的图像。

透射电镜主要由电子源、准直系统、样品台、二级放大系统、探测器组成。电子源：TEM 使用一个电子源产生高能电子束。常见的电子源是热阴极，其中电子通过热电子发射的方式产生。电子束从电子源出射后，通过准直系统进行聚焦和准直。准直系统包括一系列的电磁透镜，它们通过调节电流来产生磁场，从而对电子束进行聚焦和控制。为了使电子束能够透过样品，样品通常是非晶态的或非晶态薄片。在样品后方设置一个投影屏或像素化探测器，用来记录透射电子的强度和能量的变化。通过记录透射电子的强度和能量变化，可以进行图像重建。计算机对数据进行处理和分析，然后生成高分辨率的图像，显示样品的细节和结构。

透射电子显微镜能够提供比光学显微镜更高的分辨率，因为电子具有较短的波长，可以更好地穿透样品并揭示其微观结构。透射电子显微镜广泛应用于材料科学、生物学、纳米技术等领域，可以帮助研究人员观察和分析各种物质的原子结构和表面形貌。

（5）套刻基本原理

在集成电路制造中，需要对晶圆的当前层图形与参考层图形进行对准。在对准时存在不可避免的偏差，称为套刻误差。理想情况下，这个套刻误差应该为 0。为了实时检测套刻误差，对套刻误差的迅速探测与评估是控制良率的必要条件。基于光学的套刻误差测量技术可以分为两类，一类是基于成像的套刻误差（IBO）测量技术，另一类是基于衍射的套刻误差（DBO）测量技术。

2. 量测类设备

（1）电阻测量设备

电阻测量设备分为在线电阻测量设备和离线电阻测量设备。一般离线电阻可以提供更高的精度和更多的信息，而在线电阻测量设备的实时性则更高，更适应流水线作业。电阻测量设备包括探针、探针控制台与样品台、计算机系统。下面主要介绍探针的制作与计算机软件的功能。

采用四探针法测量电阻的设备，其关键技术难点在于探针的制作。S. Keller 等人介绍了其中一种制作方法，以负性光刻胶 SU-8 为基材，设计制作用于薄膜电阻率测量的微观四点探针。

该四探针由四根显微悬臂组成，每根悬臂支撑着末端的探针头。SU-8 的高灵活性确保了样品和探针尖端之间的稳定电点接触，即使在粗糙表面上也是如此。这样的探针在薄 Au、Al 和 Pt 薄膜上进行了电阻率测量，测得的薄板电阻与一般商用宏观电阻率计测得的电阻差小于 5%。

一些电阻测量的相关设备如 KLA 的 CAPRES microRSP 系列测量系统、KLA 的 OmniMap 系列电阻率测绘系统等。CAPRES microRSP 系列测量系统提供在线产品晶圆片电阻表征，使用悬臂宽度低至500nm的电极阵列，是第一款可在300mm产品晶圆尺度上使用的非破坏性电阻测量工具。OmniMap系列电阻率测绘系统，它基于成熟的行业电阻率测绘标准，提供45 nm及以上的准确可靠的薄层电阻测量、先进的自动化和改进的边缘性能等功能，满足当今300 mm晶圆生产的要求。

（2）膜厚测量设备

一是台阶仪。

台阶仪是一种高精度自动化表面形貌测量仪器。它配备了金刚石尖的探针针尖，其半径可达到50 nm。通过校准探针的压力，台阶仪能以5E-7N的力与硅片表面接触，并以极缓慢的速度移动，绘制出膜层剖面的形貌图。该仪器可根据不同针尖半径的探针和压力进行匹配，并通过使用标准阶梯片进行校准，从而测量台阶可以应用于具有50 nm粗糙表面形貌的样品。

台阶仪具有许多优点，如高精度、大量程、稳定可靠的测量结果以及良好的重复性。此外，它还可以用作其他形貌测量技术的比对工具。然而，台阶仪也存在一些难以克服的缺点。首先，由于测头与被测件的接触会导致测头的变形和磨损，因此在使用一段时间后，仪器的测量精度会下降。其次，为了确保测头的耐磨性和刚性，测头不能设计得非常细小尖锐。如果测头的头部曲率半径大于被测表面上微观凹坑的半径，必然会导致该位置的测量数据偏差。此外，为了延长测头的使用寿命，测头的硬度通常很高，因此不适合对精密零件和软质表面进行测量。

二是椭偏仪。

椭偏仪是测量膜厚的常用光学设备，其采用椭圆偏光法作为基本原理。除了作为单独的设备进行膜厚测量外，椭偏仪也常常被集成到其他设备中去用于膜厚测量与折射率测量，如几何形貌测量系统、薄膜计量系统等。

椭偏仪的关键在于激光发生器的单色性、偏振片的滤光性是否足够的好，以及计算机信号处理是否足够快。

采集椭偏仪数据的主要工具包括光源、偏振发生器、样品、偏振分析仪和检测器。偏振发生器和分析器由控制偏振的光学组件构成：偏振器、补偿器和相位调制器。常见的椭偏仪配置包括旋转分析仪、旋转偏振器、旋转补偿器和相位调制。

非偏振光源通过偏振器来发送偏振光。偏振器只允许具有特定电场取向的光通过。偏振器的轴被定向在p平面和s平面的交线，以确保两个方向的光都能到达样品表面。当线偏振光从样品表面反射时，它会变成椭圆偏振光，并通过一个连续旋转的检偏器。检偏器的相对于来自样品的电场"椭圆"的方向决定了通过的光的强度。我们使用一个检测器将光转换为电子信号，以确定反射偏振的性质。通过将检测到的反射偏振与已知的输入偏振进行比较，我们可以确定样品反射引起的偏振变化。

在进行样本测量之后，我们可以构建一个模型来描述样本的特性。该模型用于计算菲涅耳方程的预测响应，而菲涅耳方程描述了材料的厚度和光学常数。如果我们对样本的厚度和光学常数缺乏准确的先验知识，我们可以使用估计值来进行初始计算。然后，我们将计算结果与实验数据进行比较。通过比较实验数据和计算值，我们可以确定任何未知材料属性，并改进实验与计算之间的匹配。在建立模型时，我们需要注意未知属性的数量不应超过实验数据所提供的信息量。

虽然从原理上，只需要单波长椭偏测量就能够实现膜厚测量，但实际应用中往往会使用多波长的光谱椭偏测量。光谱椭偏测量有多种优势，包括提供更确切的唯一答案、提高对材料特性的敏感性和提供感兴趣波长的数据。

膜厚测量仪器相关的一些企业产品系列有 KLA 的 SpectraFilm 薄膜计量系统。KLA 的 SpectraFilm 薄膜计量系统通过为各种薄膜层提供高精度薄膜测量，有助于在亚 7nm 逻辑和前沿存储器设计节点实现严格的工艺公差。

（3）膜应力测量设备

薄膜应力测量设备利用基片弯曲法和 Stoney 方程来测试能反射激光的各种刚性基体表面上的薄膜残余应力。该设备具有以下主要特点：①高重复精度：采用光杠杆曲率放大的结构设计，确保样品曲率半径测试结果的高精度，通常误差在 1% 以内。②高度智能：全自动控制，可对样品中心自动查找定位，测量高效方便。③高适应性：针对表面抛光的基片（如不锈钢、钛合金等），考虑到表面曲率的不一致性，设备开发了"对减计算"模式，能有效校正基片表面的影响，并测试此类基片表面薄膜的残余应力。

光学器件直接安装在真空或工艺室视口上，包含激光束阵列光学器件和带有专利自动转向镜的相机光学器件，以确保激光阵列直接位于相机中心。腔室集成可以是单端口（法向入射）或双端口（镜面观察口），并为原位薄膜应力测量提供多种好处。光学器件简单固定，在初始设置期间需要对准和校准。由于激光光斑以相同的频率一起移动，因此不会将样本偏移或倾斜检测为曲率变化。通过使用简单的图像处理和快速的数据分析算法，可以检测相机上光斑位置的微米级变化，也就是 20～50 公里范围内的曲率半径分辨率；足以检测由沉积在基板表面的单层材料引起的应力。通过监测整个光束阵列，可以以实时测量和工艺控制所需的足够速度获得二维、动态的晶片和薄膜曲率和应力分布。

薄膜应力测量广泛应用于泛半导体产线中原位应力监测和控制，包括金属薄膜溅射、高性能电介质和滤光涂层（PVD）、300mm 半导体 IC 加工、薄膜电池研究、MBE 和 MOCVD 期间的外延层生长以及退火期间的热应力监测。

X 射线衍射仪（XRD 设备）是也被用于分析晶格结构和测量膜应力。通过 X 射线衍射仪测得的衍射图样的信息，利用相关公式进行计算分析，也可以得到膜应力的大小。

（4）掺杂浓度测量设备

离子注入/退火计量系统

掺杂工艺通常通过离子注入的方式实现。离子注入过程监测方法一般基于热波技术，它是一种非接触、非破坏性的技术，不需要特殊的样品制备或处理，即使在低剂量下也具有高灵敏度，并提供一微米的空间分辨率能力。这种方法允许直接监测在图像化产品集成电路晶圆以及通常测试晶圆上的关键离子注入过程。

机械扫描系统是一个由计算机控制的步进电机的驱动器驱动的二维扫面平台，试件和高度微调平台被固定在一个步进电机驱动的二维扫描平台上。控制扫描平台的可控移动，最大行程达 10 cm 左右，最小可控行程通常为 μm 级别，扫描速度一般达几 mm/s 以上。

计算机在专用软件支持下的功能包括控制平台的运动、采集锁相放大器的输出信号、输出和显示不同剂量方式得到的结果。采用的测量方式如下。

①单点测试。移动试件到指定位置，测量并显示结果；②直线测试控制。试件做直线运动，以均匀间隔作多次测量，显示测量值沿距离的分布曲线；③等值线测试。在试件表面按均匀网格取点测试，测量结果经线性插值显示测量值的等值线图；④图像测试控制。试件在小范围内作光栅式的逐点扫描，测量结果以不同的亮度或颜色表现为一幅高分辨率的热波图像。

此外，计算机系统还提供图像处理的功能，如对比度均衡，消除回差，图像对比，二维傅里叶变换及空间数字滤波等。

相关的企业产品如 KLA 的 Therma-Probe 系列。Therma-Probe 680XP 离子注入 / 退火测量系统可实现 2X nm/1X nm 设计节点的在线剂量监测，可生成有关离子注入剂量和轮廓、注入和退火均匀性以及范围末端损伤的关键工艺信息。Therma-Probe 500（TP500）能够对产品晶圆进行全自动实时测量。其结合了模式识别系统，可以快速和轻松地定位和测量晶圆上的任何小至 10 μm × 10 μm 的位置。新的 TP500 系统在监测注入剂量和能量方面具有良好的灵敏度。

（5）薄膜计量设备

薄膜计量系统提供关于薄膜的全面功能，主要包含测量膜厚、膜应力、折射率、掺杂浓度等方面。此类设备通过将前述的椭偏仪、膜应力测量仪、四探针等多个设备功能集成到一个设备中来实现薄膜计量的综合功能。

相关设备如：KLA 的薄膜计量系统 Aleris 系列；KLA 的 ASET-F5x Pro 系列；KSA 的 MOS 系列等。

（6）晶圆几何和纳米形貌测量系统

晶圆几何计量平台主要为 IC 制造商提供全面的晶圆翘曲、弯曲、双面纳米形貌、高分辨率变形、面内位移和应力测量。

它是一种整合工具解决方案，用于测量应力引起的晶圆形状、晶圆形状引起的图案重叠误差、晶圆正面和背面纳米形貌以及晶圆厚度变化。实现更快的工艺斜坡和更高的产量，通过工艺监控和数据前馈、光刻聚焦窗口控制以及薄膜、蚀刻、CMP 和 RTP 等工艺的在线监控提供覆盖控制。

相关的设备有 KLA 的 PWG 系列等。

（7）关键尺寸测量

关键尺寸的测量方式，根据使用的射线类型，可分为光学测量和电子束测量两种方式。

针对关键尺寸测量，由于直接的光学测量无法直接对纳米结构进行测量，光学测量只能测量具有特定结构的图形的线宽，例如周期性光栅结构。这个利用光栅结构测量关键尺寸的方法，也称为光学散射法。该方法可以测量包括 CD、轮廓、线高度或沟槽深度及侧壁角度等的重要参数，全面确定截面轮廓。光学方法与电子束不同，不需要在真空环境下测量，因此测量速度也比较快。不与样品直接接触，对样品不具有破坏性。

光学散射测量法是一种通过测量物体对宽带光的反射来表征样品未知特性的方法。反射随波长（颜色）、偏振和入射角而变化。Nova 的散射测量工具能够以非常高的速度提供高度精确的测量，并在样品上采用用户定义的小斑点尺寸。

光学关键尺寸测量具有高测量速度、无损、准确的优点。由于强光源和非常灵敏的检测器的可用性，光学散射法的测量速度通常非常快。这最终会产生具有高信噪比的快速测量。光学散射测量是一种无损测量类型，由于光与样品的相互作用是众所周知的，散射信号的解释比其他计量技术要准确得多。

宽带光源聚焦在样品上。从样品反射的光被聚焦到一个装置上，该装置可以将其分离成光谱和偏振分量。然后，使用专门的检测器将每个分量转换成电信号。光谱数据是每个波长的信号水平，然后被传送到处理单元。使用描述物质如何与光相互作用的物理学（麦克斯韦方程）以及机器学习数学模型，处理单元评估与测量结果最匹配的样本属性。被测量的典型尺寸是与最先进的晶体管相关的尺寸。这些都是基于最先进的逻辑和存储设备的工业设计节点。尽管这些尺寸比所用的光的波长小得多，但是具有复杂方法的光学散射测量法能够覆盖这个间隙。此外，关键尺寸的测量精度非常高，速度非常快，同时将光线聚焦到非常小的区域。这三个要求通常被认为是矛盾的，可以通过几种方法达到。这些包括：巧妙的目标设计，宽光谱带的使用，复杂的光学设计，对光偏振的控制，复杂的算法等。

主要企业及产品系列：国内的上海睿励的 TFX3000 OCD；Nanometric 的 Atlas、Impuse 系列；KLA 的 SpectraShape 系列；Nova 的 HelioSense 系列；VIEW 的 MicroLine。

在 SEM 图像中，物体的轮廓以及其他特征通常以不同的灰度级别呈现。电子束测量通过测量物体轮廓来测量关键尺寸。可测量沟槽、孔等深槽的底部尺寸，以及 3D NAND、FinFET 和 NAND Flash 等三维器件的结构测量。

CD-SEM 主要用于半导体电子器件的生产线。与通用 SEM 不同的三个主要 CD-SEM 功能：①照射到样品上的 CD-SEM 一次电子束具有 1 keV 或以下的低能量。降低 CD-SEM 的电子束能量可以减少由于充电或电子束照射对样品造成的损伤。②CD-SEM 测量精度和可重复性通过最大限度地提高放大倍率校准得到保证。CD-SEM 的测量重复性约为测量宽度的 1% 3σ。③晶圆上的精细图案测量是自动化的。将样品晶圆放入晶圆盒（或 Pod/FOUP）内，该晶圆盒放置在 CD-SEM 上。尺寸测量的条件和程序预先输入配方中。当测量过程开始时，CD-SEM 会自动将样品晶片从盒中取出，装入 CD-SEM 并测量样品上所需的位置。测量完成后，晶圆将返回盒中。

CD-SEM 使用 SEM 图像的灰度级（对比度）信号。首先，光标（位置指示器）指定 SEM 图像上的测量位置。然后获得指定测量位置的线轮廓。线轮廓基本上是指示测量特征的地形轮廓变化的信号。线轮廓用于获取指定位置的尺寸。CD-SEM 通过计算测量区域中的像素数自动计算尺寸。临界尺寸测量主要在晶圆制造过程的以下两个操作中进行：显影后光刻胶图案的临界尺寸测量，测量接触孔直径/通孔直径和蚀刻后的布线宽度。

主要企业及产品系列：国内的中科晶源的 SEpA 系列；Hitachi 的 CG/CV 系列；Applied Materials 的 VeritySEM 系列。

（8）套刻测量

在硅晶片制造中，套刻控制是对制造硅晶片所需的图案与图案对齐的控制。硅晶片目前是按一系列步骤制造的，每个阶段都会在晶片上放置一种材料图案；这样，所有由不同材料制成的晶体管、触点等都被铺设。为了使最终设备正常工作，这些单独的图案必须正确对齐——例如触点、线路和晶体管必须全部对齐。套刻控制在半导体制造中一直发挥着重要作用，有助于监控多层器件结构上的层间对齐。任何类型的错位都可能导致短路和连接故障，进而影响晶圆厂的良率和利润率。

光刻套刻需要对叠加的两个图形实现精密的空间平面对准检测。套刻测量设备根据其对准原理，大致分为两类：基于成像和基于散射。基于成像的套刻测量在晶圆和掩膜版上方假设显微镜，通过比对上下层的图像中心是否对齐来实现对准。基于散射的套刻测量则是通过获取上下两层叠加的光栅结构的衍射信号，利用不同对准情况下衍射效果的不同，测量上下两层叠加光栅的对准情况。

主要企业及产品系列：KLA 的 Archer 系列（基于成像）；KLA 的 ATL 系列（基于散射）；nanometrics 的 CALIPER 系列；ASML 的 YieldStar 系列（基于衍射）。

3. 缺陷检测原理

（1）缺陷检测基本原理

晶圆缺陷检测设备检测晶圆上的异物和图案缺陷，并确定缺陷的位置坐标。根据晶圆是否有图案，分为图形晶圆缺陷检测和无图形晶圆缺陷检测。根据检测射线类型与探测方式的不同，分为光学明场散射缺陷检测、光学暗场散射缺陷检测、电子束缺陷检测。

缺陷包括随机缺陷和系统缺陷。随机缺陷主要是由异物粘附等引起的。因此，我们无法预测会发生什么。检测晶圆上的缺陷并确定位置是检测设备的首要任务。另外，系统缺陷是由掩膜或曝光过程的条件引起的，并且可能发生在所有转移模具的电路图案的同一位置。图形晶圆缺陷检测设备通过比较图像与附近芯片的电路模式来检测缺陷。因此，通常图形晶圆缺陷检测设备可能无法检测到系统缺陷。

电子束检测设备与光学缺陷检测设备

从技术原理上看，电子束检测与光学检测是用于定位晶片缺陷的两项主要技术，目前电子束检测和光学检测在检测流程上功能互补，各有优缺点。目前晶圆厂的主力检测技术为光学检测技术，其在集成电路生产高级节点上已经达到极限的分辨率，然而基于电子成像的图像检测比深紫外波长光学检测图形成像具有更高的空间分辨率。

现阶段电子束检测多用于研发团队的工程分析、光学检测多用于晶圆厂的在线检测，未来在尺寸较小且光学分辨率有限的情况下，电子束检测将发挥更大的作用。

与光学缺陷检测检测设备相比，虽然电子束检测设备在性能上占优，但因逐点扫描的方式导致其检测速度太慢，所以不能满足圆片厂对吞吐能力的要求，无法大规模替代光学设备承担在线检测任务，目前主要用于先进工艺的开发。

缺陷检测复检

在一些关键的生产工艺之后，需要对缺陷进行复检。刚加入缺陷检测站点时，先使用明场、暗场光学缺陷检测设备或电子束缺陷检测设备对圆片表面进行检测，缺陷检测设备会根据扫描区域的图形信号特征对比，发现并标记潜在缺陷的坐标信息。缺陷管理系统再将缺陷坐标信息传入缺陷分析扫描电子显微镜，后者根据导入的坐标信息找到对应位置的缺陷，通过高倍率电子显微镜观测缺陷的形貌特征、尺寸、缺陷所在位置的背景环境，并通过能量色散 X 射线光谱分析的方法确定缺陷的元素成分，从而判断缺陷产生的原因及对应的工艺步骤，并进行针对性的缺陷改善。

（2）光学明场检测原理

光学明场缺陷检测是一种常用的表面缺陷检测方法，它通过光学显微镜和适当的照明条件来观察和分析样品表面的缺陷。下面是光学明场缺陷检测的基本原理。

光源照明：使用合适的光源照明样品表面，常用的光源包括白光、卤素灯、LED 等。照明光源的选择会影响到缺陷的检测效果，需要根据具体应用来确定合适的光源。

显微镜观察：在光源的照明下，使用显微镜观察样品表面。光学明场显微镜使用透射光学系统，允许透过样品的光线通过物镜和目镜进入观察者的眼睛。物镜通常具有高放大倍数和高数值孔径，以便观察到更细微的缺陷。

缺陷显示：在明场显微镜下，样品表面的缺陷会引起光的散射、吸收或反射，从而在观察图像中形成明亮或暗暗的区域。缺陷的形态、大小和位置可以通过观察这些明暗区域来确定。一般来说，缺陷越大、越深或越突出，其在图像中的明暗区域就越明显。

缺陷分析：通过观察缺陷的形态、大小和分布，可以对样品进行缺陷分析。根据具体的应用需求，可以确定缺陷的可接受范围，并进行分类和计数，该步骤往往通过计算机处理，利用图像差分算法、机器学习等智能算法，对缺陷进行识别与分类。

总的来说，光学明场缺陷检测利用光源照明样品表面，通过显微镜观察样品表面的缺陷，并根据缺陷引起的光学变化来分析和检测缺陷。这种方法简单直观，广泛应用于各种材料的缺陷检测和质量控制领域。

目前，美国 KLA 公司所开发的高端 K39XX 系列和 K29XX 系列明场光学缺陷检测装备能够实现亚 30 nm 的缺陷检测灵敏度，并且产率能够在 36nm 要求下维持 1WPH（Wafer Per Hour），能够适用于 1X nm 及以下节点工艺生产线上的硅片结构图形缺陷检。

（3）光学暗场检测原理

暗场散射检测作为一种非接触、高分辨率的快速在线检测方法被广泛应用于无图形晶圆表面缺陷的检测。激光投射到晶圆表面，缺陷会使入射的激光发生散射，去除反射光并利用光学系统收集散射光，即可获得缺陷散射的信号。由于晶圆尺寸相较于入射激光光斑大得多，因而通过运动台旋转晶圆并沿径向移动使激光能够对整个表面进行检测，后续根据晶圆的旋转角度、径向位移和光斑直径即可计算出缺陷的位置坐标，从而还原晶圆表面的缺陷分布。

光源的入射角和散射光的收集角是暗场散射检测系统的两个关键参数，入射角决定了缺陷被照明后的散射场分布特性，收集角决定了系统能收集的散射场的角度，合适的入射角和收集角有利于提升系统分辨率；考虑到晶圆表面缺陷的种类和尺寸的多样性，暗场散射检测系统通常需要设计正入射和斜入射两路照明光路，从而充分发挥不同入射状态对不同类型和尺寸的缺陷的检测优势以及实现缺陷分类。此外，缺陷的散射场分布还取决于光源的偏振态和缺陷尺寸等因素。因此，对无图形晶圆表面缺陷进行建模和散射场分布特性分析对确定系统参数十分重要。

（4）电子束缺陷检测原理

电子束检测（electrons beam inspection，简称 E-beam inspection、EBI），用于半导体元件的缺陷（defects）检验，以电性缺陷（electrical defects）为主，形状缺陷（physical defects）次之。

其检测方式，是利用电子束扫描待测元件，得到二次电子成像的影像，根据影像的灰阶值高低，以电脑视觉比对辨识，找出图像中的异常点，视为电性缺陷，例如，在正电位模式下，亮点显示待测元件为短路或漏电，暗点则为断路。

其工作原理是利用电子束直射待测元件，大量的电子瞬间累积于元件中，改变了元件的表面电位，当表面电位大于 0（相对于元件的基板电位），称为正电位模式，反之，称为负电位模式。

采用电子束检测时，入射电子束激发出二次电子，然后通过对二次电子的收集和分析捕捉到光学检查设备无法检测到的缺陷。例如，当 contact 或 via 等 HAR 结构未充分刻蚀时，由于缺陷在结构底部，因此很难用暗场或明场检测设备检测到，但是因为该缺陷会影响入射电子的传输，所以会形成电压反差影像，从而检测到由于 HAR 结构异常而影响到电性能的各种缺陷。此外，由于检测源为电子束，检测结果不受某些表面物理性质例如颜色异常、厚度变化或前层缺陷的影响，因此电子束检查技术还可用于检测很小的表面缺陷例如栅极刻蚀残留物等。

随着半导体器件的不断微缩，电子束检测技术的发展非常迅速，将电子束检测用于生产过程控制的呼声也越来越高，但是电子束检测的问题是速度太慢，因此其关键是如何尽快提高检测速度。半导体技术的发展要求新一代缺陷检测技术能够满足检测速度、检测灵敏度和成本等要求。为了更快更好地解决缺陷问题，可以综合使用暗场、明场和电子束检测技术并优化其检测站点比例。

4. 缺陷检测类设备

缺陷检测设备涵盖了芯片和晶圆制造环境中的所有良率应用，包括来料工艺工具认证、晶圆认证、研发以及工具、工艺和生产线监控。图案化和非图案化晶圆缺陷检测系统可发现、识别和分类晶圆正面、背面和边缘上的颗粒和图案缺陷。这些信息使工程师能够检测、解决和监控关键的良率偏差，从而加快良率上升和提高生产良率。

（1）无图形表面缺陷检测

无图形表面检测针对无图形晶圆表面、薄膜晶圆表面等进行检测。基于暗场散射检测原理是目前国际上主流的无图形晶圆表面缺陷检测方式。

无图形表面缺陷检测设备是检测裸晶圆、芯片、MEMS、晶圆键合、SOI 和倒装芯片以及光伏领域应用的解决方案。检查的晶圆可以由多种材料组成：硅、砷化镓、III-V 材料等。利用透射和反射光为 MEMS 设备提供结构分析和异物数据。

提供图形用户界面以使程序生成和维护变得简单快捷。评估基于专门的检测算法来定位缺陷，包括空洞、黏合宽度、分层等，并提供统计分析过程控制。

缺陷晶圆图采用颜色代码显示晶圆上每个缺陷的位置。缺陷帕累托图表显示每一种缺陷类型的数量。缺陷检测摘要显示整片晶圆上的缺陷统计数据。缺陷记录文件显示例如位置、像素大小、面积和缺陷类型等详细信息。同时也显示按尺寸分类的缺陷数量以及总缺陷数量。检测报告和缺陷记录文件都可以存档以进行生产审查。

检测系统提供有三种检测模式以满足各种应用的需求：高通量、标准分辨率和高分辨率。其他工程工具包括虚拟芯片网格覆盖（以确定特定缺陷类型影响的晶圆面积百分比），按缺陷尺寸分类、表面均匀度分析，前后检测对比（缺陷溯源、传输分析），基于合格/不合格标准进行晶圆分级，KLARF 输出，划线（标记缺陷以供检视）和工厂自动化设置。

设备有专为手动装载和小批量检测而量身定制的，如德国 Viscom 公司推出的 MX100IR。也有适用于工艺流水线上的 KLA 公司的 Surfscan SP 系列。

KLA 公司在晶圆缺陷检测装备领域一直处于领先地位，其最新推出的 Surfscan SP7 缺陷检测系统可检测 7 nm 尺寸的缺陷。该系统有倾斜入射和垂直入射两个入射角，以及宽和窄两个信号收集通道，它们彼此相互组合形成四种检测模式。由于散射信号的强度分布与缺陷的形状、尺寸、材料以及基体膜层有关，因而可依据入射光和收集通道的模式不同对缺陷进行分类。KLA 公司在新的缺陷检测系统中将收集通道改为透镜，并对入射光和出射光的偏振态进行调制，以提高系统的检测分辨率和缺陷分类能力。

（2）有图形表面缺陷检测

有图形表面缺陷检测是针对具有图形的晶圆表面或者光罩表面的缺陷检测。根据射线源的不同，设备主要分为两大类：光学缺陷检测类型和电子束缺陷检测类型。

光学缺陷检测对晶圆表面重复区域进行快速成像扫描，通过将每个芯片的图像信号与参考芯片的图像信号比较，获得缺陷的尺度、分布和分类等信息。分为明场检测和暗场检测，明场检测非图形区域是亮的，暗场检测的非图形区域是暗的。

激光扫描检测系统支持高级逻辑和内存芯片制造的生产斜坡缺陷监控。采用深度学习算法，将关键 DOI（感兴趣的缺陷）与模式滋扰缺陷分开，以提高重要缺陷的整体缺陷捕获率，包括独特的、细微的缺陷。行业独特的倾斜照明和量子效率提高 30% 的新型传感器可在诸如用于 EUV 光刻的显影后检测（ADI）和光电池监测（PCM）等应用中为精细光刻胶层的低剂量检测提供更高的吞吐量和更好的灵敏度。提供高吞吐量和灵敏度，并结合深度学习能力来捕获光刻电池和晶圆厂其他模块中的关键缺陷，从而快速识别和纠正工艺问题。

相关的设备有天准科技的 Argos 系列、KLA 的 Voyager 系列，等等。

电子束缺陷检测类型用聚焦电子束扫描表面产生样品图像的电子显微镜，将新品信号与参考芯片的图像信号进行对比，获得缺陷的尺度、分布和分类等信息，包括单电子束技术和多电子束技术。例如，ASML 的 HMI eScan 1100，采用了多电子束技术从而能够在大批量制造中更广泛地使用。

电子束晶圆缺陷审查和晶圆分类系统可捕获高分辨率的缺陷图像，从而准确表示晶圆上的缺陷群。利用广泛的电子光学和专用镜头内检测器，支持跨工艺步骤的缺陷可视化，包括易碎的 EUV 光刻层、高纵横比沟槽层和电压对比层。如今芯片设计节点不断缩小，结构趋于垂直。先进的电子束缺陷检测设备如 KLA 的 eSL10 可以检测深孔和沟槽的底部缺陷，发现低于 5nm 的图案缺陷。eSL10 的工作电压范围，最大 30kV。通过收集背散射信号到达深层结构底部，多通道同时工作提供表面和形貌。其中，背散射提供材料对比度和深层结构信息，二次电子提供表面缺陷信息，Topo 信号提供拓扑结构信息。具有小光斑、大束流的特点，同时实现高通量、高灵敏度。

电子束缺陷检测相关的设备有 KLA 的 eSL10、eDR 系列，等等。

（三）上游关键技术

1. 运动控制和定位技术

精密机械运动控制是提高生产效率、提高产品质量、实现复杂运动模式、增加安全性和可靠性，实现精细化加工以及推动科学研究和创新的重要工具。广泛应用于精密工程、微纳制造和生物医药技术领域。国内精密运动控制技术发展较晚，应用产品和领域主要集中在中低端制造业，亟待发展高端精密运动控制技术。

运动控制主要依靠电动机作为动力源，用于实现对物体的角位移、速度和转矩等物理量的控制。实时管理机械运动部件的位置、速度等，以按照预定的控制方案实现期望的机械运动控制。因此，运动控制不仅仅局限于电机本身，而是一个综合性的控制系统运动控制系统多种多样，但从基本结构上看，一个典型的现代运动控制系统的硬件主要由：上位机、运动控制器、功率驱动装置、电动机、执行机构和传感器反馈检测装置等部分组成。运动控制器是指以中央逻辑控制单元为核心、以传感器为信号敏感元件、以电机或动力装置和执行单元为控制对象的一种控制装置。

典型的运动控制系统主要由上位机、运动控制器、功率驱动装置、电动机、执行机构和反馈检测装置等部分组成。这些组成部分协同工作，实现精确的运动控制和位置调节。

上位机：上位机是系统的主要控制单元，负责运行控制软件、处理用户输入指令、监控系统状态等。它与其他部分之间通过通信接口进行数据交换。

运动控制器：运动控制器是实际执行运动控制任务的核心部件，通常采用专用的硬件或嵌入式系统。它接收来自上位机的指令，通过内部的运算和控制算法，生成合适的控制信号发送给功率驱动装置。

功率驱动装置：功率驱动装置将来自运动控制器的控制信号转换成适合电动机驱动的电力信号。这些装置通常包括电子调速装置、伺服放大器、驱动器等，用于调节电动机的速度、力矩或位置。

电动机：电动机是运动控制系统的执行器，它将电能转换为机械运动。根据具体应用需求，可以使用不同类型的电动机，如直流电机、交流电机、步进电机等。

执行机构：执行机构是与电动机相连的机械装置，用于实现所需的运动任务。它可以是传动系统、连杆机构、导轨等，将电动机的运动转化为系统需要的线性或旋转运动。

反馈检测装置：反馈检测装置用于监测系统的实际状态，通常通过传感器获取有关位置、速度、力矩等方面的反馈信号。这些信号反馈给运动控制器，用于实时调整控制算法和纠正系统误差。

精密控制技术的核心材料之一是压电陶瓷材料，压电陶瓷材料具有压电效应，即在施加电场时能够发生机械变形，反之亦然。这使得它们成为用于制造压电作动器的理想材料，具有响应速度快、控制精度高、成本低等优点，近年来得到了广泛的应用。虽然压电陶瓷具有严重的迟滞非线性特性，使得对其建模和控制困难，但以压电作动器为控制对象，利用迟滞非线性系统中的系统重复性，设计迭代学习控制器来进行迟滞补偿，可以实现纳米级高精密跟踪控制。原子力显微镜AFM中样品与探针之间原子尺度距离的运动控制就是通过压电陶瓷进行精密控制。

提供运动控制技术的相关公司有 Texas Instruments、Allied Motion、Physik Instrumente 等。

2. 激光光源

激光光源被广泛地运用在各类半导体生产工艺的量测设备中，例如椭偏仪、套刻对准、双频激光干涉仪、光学缺陷检测类设备，等等。

激光光源作为一种产生激光光束的装置，具有以下特点。

相干性好：激光光源产生的光是相干光，其光波振动具有高度的同步性。相干性使得激光能够形成细长、集中的光束，具有高度的定向性和狭窄的光束发散角，能够将光能有效地聚焦在一个小的区域内。

单色性好：激光光源产生的光具有非常纯净的单一频率。相比之下，其他光源（如白炽灯）产生的光包含多种频率的光波。

亮度高：激光光源的亮度（功率密度）非常高，使得激光能够在远距离传输并保持较高的能量密度。

激光器主要由三个组件组成。激光介质：可以是固体（晶体或半导体）、液体（有机染料）或气体（或气体混合物）。激发系统或"泵"：向激光介质提供必要的能量，为光放大创造条件。光学谐振器：其最简单的形式由两个镜子组成，两个镜子的排列使得光子沿着激光介质的长度来回传递。通常，一面镜子是部分透明的，以允许光束射出。

激光介质可以被认为是由具有质子和中子中心核的原子组成，原子核被离散轨道壳层中的电子包围。当原子吸收或释放外部能量时，这些电子在不同的能级之间移动。存在吸收、自发辐射和受激发射三种不同的机制。

为了使激光器发挥作用，条件必须有利于受激发射而不是吸收和自发发射，所以需要使得激发态电子比基态电子更多（"粒子数反转"）。这是通过泵输入能量来实现的；其可以连续地提供，或者在脉冲激光的情况下间歇地提供。

当光子刺激越来越多的光子发射时，光学谐振器及其镜子的布置允许发生放大或光学增益。激光沿着同一轴来回传播，一些光子最终从一端的部分镀银的镜子射出。

3. 电子源

电子因其波长远小于光的波长，被运用于纳米尺度的观察。电子束对于广泛的应用的各类电子显微镜和电子束缺陷检测类设备具有重要意义。

电镜中，电子源一般根据其产生电子的原理可以被分为两类：热发射电子枪和场发射电子枪。

热发射

整个热发射电子源由三个部分组成：阴极（发射电子），栅极（筛选和汇聚阴极发射的电子），阳极（加速电子至给定的能量）。

最后，在一定角度范围内的电子就从阳极射出进入后续的电子光学系统进行成像了。常见材料如果想要获得明显的热发射，需要温度达到数千开尔文，阴极常常采用钨丝。钨作为一种逸出功低，是当前热发射电子枪阴极的唯一材料。

场发射

在外场的作用下，功函数会被降低。在给定的电压下，如果我们使用针形的阴极，那么阴极处的电场将会被极大地加强。

经过两个阳极后，电子束被汇聚在一处，形成等效的电子源。

场发射电子枪的针尖需要保持清洁。通过极高的真空环境可以实现这一点，这时电子源就可以在室温下进行工作了，称为冷场发射。除此之外，如果对针尖进行加热辅助发射，则不需要极高的真空环境即可保持针尖的清洁，通过将氧化锆附着在针尖表面来促进这一热场发射过程，这样的电子源被称为热场发射 TFE，又叫肖特基电子源。

4. X 射线源

在晶格结构观测和膜应力测量时，常常会使用到 X 射线光源，能够观测到可见光观测不到的微观特征。

X 射线一般通过加速后的电子撞击金属靶产生。X 射线管由阴极和阳极组成，内部是真空环境。当高电压施加在 X 射线管上时，阴极发射出高速电子，经过加速后撞击阳极。在撞击的过程中，部分电子的能量会转化为 X 射线辐射。这些 X 射线会通过 X 射线管的金属壳体发出，形成一个束流。

X 射线产生的辐射形式有两种，即连续辐射和特征辐射。连续辐射是指当高速电子通过物质时，它们与物质原子中的电子相互作用并减速。在减速过程中，电子会发射出连续范围的能量，形成连续谱的 X 射线辐射。连续辐射的能量范围从较高能量到较低能量连续分布，没有明显的峰值。特征辐射是由电子束撞击物质原子的内层电子时产生的。当电子撞击原子内层电子时，后者可能被电子击出原子。当原子内层电子离开后，外层电子会填补这个空位，并释放出能量。这种能量释放就形成了特征辐射。特征辐射具有离散的能量峰值，这些峰值对应于原子内层电子的能级差异。在 X 射线谱中，连续辐射和特征辐射同时存在。特征辐射的能量峰值可以用来识别物质的成分，而连续辐射则提供了额外的信息，可用于测量物质的密度和厚度等参数。

5. 离子源

离子源是聚焦离子束（focused ion beam，FIB）系统中的关键部位之一。离子源是 FIB 系统中产生离子束的组件，它通过电离原子或分子，将它们转化为带电的离子。

通常使用的离子源是离子源发射器，其中最常见的是场发射离子源（field emission ion source，FEIS）或热发射离子源（heating emission ion source，HEIS）。场发射离子源（FEIS）是一种基于场发射原理。它通常由一个尖端电极和一个提供高电场的附加电极构成。在高电场的作用下，离子源尖端的材料会发生电场增强发射现象，从而产生带电的离子束。FEIS 通常能够提供高亮度和高能量的离子束，因为场发射过程可以产生高速、高能量的离子。热发射离子源（HEIS）则是一种基于热发射原理。HEIS 包含一个加热元件（通常是一个金属丝）和一个提供辅助电场的附加电极。当加热元件被加热至高温时，材料表面的原子或分子会获得足够的热能以克服束缚力，并从材料表面蒸发出来，形成带电的离子束。HEIS 通常适用于产生低能量的离子束，具有较高的稳定性和长寿命。FEIS 和 HEIS 都可以通过调节电场和加热参数来控制离子束的能量、流强和成分。

在 FIB 系统中，离子束从离子源中发射出来后，经过一系列的聚焦透镜和电场控制，最终聚焦到极小的直径，形成高能量的离子束。这个聚焦过程是通过对离子束施加电场和磁场来实现的。离子源的性能对于产生高质量、高分辨率的离子束至关重要。

离子束的高能量和高聚焦度使得 FIB 系统在微纳加工、材料修复、器件修改等领域具有广泛的应用。离子源的稳定性、亮度和寿命等性能指标对于 FIB 系统的性能和可靠性至关重要。因此，离子源被认为是 FIB 系统中的一个关键部位。

6. 光学散射中的正问题与逆问题

在光学方法无法直接观测到的纳米尺度上，利用光学散射及建模的方法可以推测微观结构的某些部分尺寸，从而实现测量的目的。基于模型的光学散射测量技术，通过测量纳米周期性光栅结构散射的光信号，求解逆问题，即考虑什么样的结构会导致这样的散射信号，来重构待测结构的形貌。例如，在光学关键尺寸测量和光学散射法套刻对准中，都有对这一方法的运用。

实际工艺中，通常在芯片的划线槽内加工出一系列具有周期性特征的目标光栅，这些目标光栅所在区域的大小通常小于 $100\mu m \times 100\mu m$。在 IC 制造过程中，光学散射仪的实际测量对象即为这些目标光栅。

光学散射法可分为正问题和逆问题两部分。

正问题是指通过散射测量装置获取待测纳米结构的散射信息；逆问题则是指从测量得到的散射数据中提取待测纳米结构的三维形貌参数。

首先，根据先验知识对待测纳米结构三维形貌进行参数化表征；其次，对光与纳米结构间相互作用进行建模，构建正向散射模型，将散射信号同待测形貌参数关联起来；最后，通过求解逆问题来提取待测形貌参数值，其目标是寻找一个最优的散射模型输入参数，使得该形貌参数计算出来的散射数据能够最佳匹配测量数据。

许多不同类型的光学散射装置已被用于收集待测纳米结构的衍射信息，大致分为角分辨散射仪和光谱散射仪。

光学散射测量中的逆问题的求解是该方法的核心，指的是从散射测量数据到待测纳米结构三维形貌参数的映射过程，其关键在于：①构建光与待测纳米结构间相互作用的正向散射模型；②选择合适的求解算法，将正向散射模型计算出来的散射数据与测量得到的散射数据进行匹配，以提取出待测纳米结构的三维形貌参数。由于光学散射测量所面临的测量对象的特征尺寸一般为波长量级或者亚波长量级，沟槽深度较大（达到几个波长量级），标量衍射理论中的假设和近似已不再成立。此时，光的偏振性质和不同偏振光之间的相互作用对光的衍射结果具有重要的影响，必须采用严格的矢量衍射理论来构建纳米结构的正向散射模型。矢量衍射理论基于电磁场理论，需在适当的边界条件上严格地求解麦克斯韦方程组。

在套刻对准时，待测对象也是一排排纳米光栅，因此基于模型的基于衍射的套刻对准mDBO应运而生。mDBO测量技术中的套刻标记采用专门设计的纳米光栅结构，通过测量套刻标记的衍射信号，如光谱或角分辨谱等，再通过逆问题的求解即可提取出套刻误差。mDBO技术的套刻误差提取方法与光学散射测量中采所用的参数提取方法，即首先对光与套刻标记间相互作用进行建模，然后将模型计算的散射信号与测量数据进行匹配，以提取套刻误差值。

（四）发展策略建议

工艺量测设备是芯片制造中优化制程控制良率、提高效率与降低成本的关键，此类设备严重依赖进口，且设备精密而市场广度有限，技术价值和门槛高，目前大部分设备在国内还是空白。此类设备和高端科学仪器有非常高的技术重合度，适合高校进行攻关研制。如高速高加速超精密运动控制、高精度动态交互、精密加工的环境（真空、湿度、温度、振动等物理量）控制等，往往这些测控技术是整机工艺能力的决定因素。此类技术在先进半导体设备中要求极其苛刻，适合高校将最前沿的研究成果推动转化。我们需在新兴和颠覆性方向加大要素投资，在投入阈值上领先对手，实现局部的并跑甚至领跑，发挥以点带链的作用，最终在引领性技术领域实现创新。

四、集成电路测试设备

（一）技术体系情况

集成电路测试中一般将晶圆分割封装前的测试称为晶圆检测环节（circuiq probing，CP）；而将封装成分立芯片后的测试称为成品测试环节（final test，FT）。

晶圆检测环节：该环节的目的是确保在芯片封装前，尽可能地把无效芯片筛选出来以节约封装费用。主要需通过探针台和测试机的配合使用，对晶圆上的裸芯片进行功能和电参数测试。其步骤为：①探针台将晶圆逐片自动传送至测试位，芯片的电极触点通过探针、专用连接线与测试机的功能模块进行连接；②测试机对芯片施加输入信号并采集输出信号，判断芯片功能和性能在不同工作条件下是否达到设计规范要求；③测试结果通过通信接口传送给探针台，探针台据此对芯片进行打点标记，形成晶圆的Map图。

成品测试环节：该环节的目的是保证出厂的每颗半导体的功能和性能指标能够达到设计规范要求。主要通过分选机和测试机的配合使用，对封装完成后的芯片进行功能和电参数测试。其具体步骤为：①分选机将被测芯片逐个自动传送至测试工位，被测芯片的引脚通过测试工位上的基座、专用连接线与测试机的功能模块进行连接；②测试机对芯片施加输入信号并采集输出信号，判断芯片功能和性能在不同工作条件下是否达到设计规范要求；③测试结果通过通信接口传送给分选机，分选机据此对被测芯片进行标记、分选、收料或编带。

从上面的流程可以发现，集成电路测试主要依赖三大设备：测试机（自动化测试系统，ATE）、分选机、探针台。其中测试机占比最大，对整个测试流程起到决定性的作用。

在测试机方面，双寡头格局清晰，SoC 成为重要战略领域。

在发展趋势方面，主要为用于 SoC 器件的性能和参数测试，具备移动 SoC、高性能 HPC、AI 芯片，内嵌的 MCU/CPU 内核模块、DSP 模块、存储器模块、通信接口模块、ADC/DAC 模块、PMIC 等测试能力。解决数模混合 / 数字射频混合芯片的测试，满足高引脚复杂芯片测试需求。

在分选机方面，集中度相对分散。

分选机主要实现与测试机的良好配套，满足多样化产品的不同需求，以及形成良好的服务能力是分选机企业的核心竞争力，这种附属特性使其形成行业较分散的格局。目前全球两大巨头为科休和爱德万，韩国的 Techwing 则是全球领先的存储芯片测试分选机厂商。国产化方面，转塔式分选机国产自给率最低（约 8%），主要原因为转塔式分选机是 UPH（每小时分选芯片数量）最高的一类分选机，在高速运行下，既需保证重复定位精度，又需保证较低的 Jam Rate（故障停机比率），这对分选机设备开发提出了更高的要求。

在探针台方面，研发难度最大，国产化率低，进口依赖度高。

探针台目前被美日韩三国垄断：东京精密、东京电子（前两者市占率超过 80%）、美国 QA、美国 MicroXact、韩国 Ecopia。新兴技术动向包括更多品种测试（磁：霍尔器件、MRAM；SOC）、微变形接触、非接触测量等。国产厂商代表为中电科四十五所、深圳矽电半导体设备有限公司等；长川科技在现有集成电路分选系统的技术基础上研发了 8~12 寸晶圆测试所需的 CP12 探针台。

（二）技术供给情况

技术供给分为三类。一类是两三年内可国产替代的，如在新兴 SoC 测试领域有弯道超车的机会。另一类是可依赖除美国之外其他国家的，此领域内日本韩国企业在全球市场也排在前列。还有一类美国完全垄断的：测试机所属的封测市场完全受美国所垄断的不多。但关键环节受美国垄断，包括：①高端 ATE 所用到大量的 ASIC 芯片几乎全部来自美国，包括高速、高精度 ADC 和 DAC 等，例如 ADI 是 MAX9979 引脚电子芯片的独家供应商。②高精度机械模块如 Micro sense 的电容式位移传感器。

测试机芯片一般制程要求不高，目前常见的工艺节点为 45nm。最主要的是要有本土 ATE 客户能把芯片的功能说得清楚，然后才能找芯片设计公司做出来专用芯片，从商业角度还要有足够的量来驱动芯片公司来做这种芯片的研发设计生产制造。

（三）发展策略建议

第一，国家牵头攻关的被垄断核心模块，如高端示波器、传感器等。第二，支持企业牵头攻关的，如高端测试机、分选机等。第三，国家与企业协同攻关的，如ASIC芯片、探针台等。

在企业牵头攻关方面有华峰测控、长川科技、武汉精鸿等，在ASIC芯片方面有普元精电（RIDOL）在致力于高速高带宽ADC芯片的国产替代。

参考文献

[1] 于燮康. 中国集成电路封测产业现状与创新平台［J］. 集成电路应用, 2018, 035（3）: 1-4.
[2] 方建敏, 梅娜, 孙拓北. 5G产品先进封测技术需求及挑战［J］. 中国集成电路, 2020, 29（3）: 3.DOI: CNKI: SUN: JCDI.0.2020-Z2-021.
[3] 范汉华, 成立, 植万江, 等. 新型的3D堆叠封装制备工艺及其实验测试［J］. 半导体技术, 2008（5）: 46-50.DOI: CNKI: SUN: BDTJ.0.2008-05-015.
[4] 李莉, 张文梅. 基于封装天线（AiP）的过孔分析［C］//2009年全国微波毫米波会议论文集（上册）. 2009.DOI: ConferenceArticle /5aa04b05c095d722206d8292.
[5] 马盛林, 张桐铨. 面向先进封装应用的混合键合技术研究进展［J］. 微电子学与计算机, 2023, 40（11）: 22-42.
[6] 雷翔. 基于先进封装材料的高性能LED封装技术研究［D］. 华中科技大学, 2017.DOI: 10.7666/d.D01313609.
[7] 卞玲艳, 曾燕萍, 蔡莹, 等. 大数据时代光电共封技术的机遇与挑战［J］. 激光与光电子学进展, 2024, 61（11）: 2-12.
[8] 洪海敏, 刘飞飞, 王道远, 等. 高端芯片先进封装过程中视觉检测功能的强化研究［J］. 电子测试, 2022（10）: 105-107.
[9] 高晓义, 陈益钢. 电偶腐蚀对先进封装铜蚀刻工艺的影响［J］. 电子与封装, 2023（11）: 36-42.
[10] 张政楷, 戴飞虎, 王成迁. 先进封装RDL-first工艺研究进展［J］. 电子与封装, 2023, 23（10）: 26-35.
[11] 邵滋人, 李太龙, 汤茂友. 先进封装技术在三维闪存产品中的应用探讨［J］. 中国集成电路, 2023（11）: 88-92.
[12] 杨彦章, 钟上彪, 陈志华. 先进封装表面金属化研究［J］. 印制电路信息, 2023（S2）: 279-284.
[13] 周晓阳. 先进封装技术综述［J］. 集成电路应用, 2018, 35（6）: 7.DOI: 10.19339/j.issn.1674-2583.2018.06.001.
[14] 赵科, 李茂松. 高可靠先进微系统封装技术综述［J］. 微电子学, 2023, 53（1）: 115-120.
[15] 高丽茵, 李财富, 刘志权, 等. 先进电子封装中焊点可靠性的研究进展［J］. 机械工程学报, 2022, 58（2）: 185-202.DOI: 10.3901 /JME.2022.02.185.

［16］郑永灿，罗一鸣，徐子轩，等．面向先进电子封装的扩散阻挡层的研究进展［J］．材料工程，2023，51（2）：28-40．DOI：10.11868 /j.issn.1001-4381.2022.000377.

［17］Zhang T，Ma Y，Joshi A，et al.Leveraging Thermally-Aware Chiplet Organization in 2.5D Systems to Reclaim Dark Silicon［C］//Design，Automation and Test in Europe（DATE）．2018.DOI：10.23919/DATE.2018.8342238.

［18］徐志航，徐永烨，马同川，等．面向 CMOS 图像传感器芯片的3D 芯粒（Chiplet）非接触互联技术［J］．电子与信息学报，2023，45（9）：3150-3156．

［19］龙志军，郝颖丽，丁学伟，等．Chiplet 接口 IP 3DIC 混合信号仿真验证［J］．中国集成电路，2022，31（8）：55-62．

［20］Cheramy S，Vivet P，Dutoit D，et al.Active Silicon Chiplet-Based Interposer for Exascale High Performance Computing［C］//International Symposium on VLSI Technology，Systems and Applications.IEEE，2021.DOI：10.1109 /VLSI-TSA 51926.2021.9440082.

［21］Foley D，Danskin J.Ultra-Performance Pascal GPU and NVLink Interconnect［J］．IEEE Micro，2017，37（2）：7-17.DOI：10. 1109/MM.2017.37.

［22］Wei Y，Huang Y C，Tang H，et al.9.3 NVLink-C2C：A Coherent Off Package Chip-to-Chip Interconnect with 40Gbps/pin Single-ended Signaling［J］．2023 IEEE International Solid- State Circuits Conference（ISSCC），2023：160-162.DOI：10.1109/ISSCC 42615.2023.10067395.

［23］Mahajan R，Sankman R，Aygun K，et al.Embedded Multi-die Interconnect Bridge（EMIB）［M］．John Wiley & Sons，Ltd，2019.

［24］Liu C，Botimer J，Zhang Z. A 256Gb/s/mm-shoreline AIB-Compatible 16nm FinFET CMOS Chiplet for 2.5D Integration with Stratix 10 FPGA on EMIB and Tiling on Silicon Interposer［C］//2021 IEEE Custom Integrated Circuits Conference（CICC）.IEEE，2021.DOI：10.1109/CICC51472.2021.9431555.

［25］Prasad C，Chugh S，Greve H，et al.Silicon Reliability Characterization of Intel's Foveros 3D Integration Technology for Logic-on-Logic Die Stacking［J］．IEEE，2020.DOI：10.1109 /IRPS45951.2020.9129277.

［26］Gwennap L .Chiplets Gain Design Winlets［J］．Microprocessor report，2018，32（12）：3-3.

［27］Videotex W .INTEL HAS LAUNCHED "LAKEFIELD" CORE PROCESSORS［J］.Electro manufacturing，2020，33（7）：6-8.

［28］Lin P Y，Yew M C，Yeh S S，et al.Reliability Performance of Advanced Organic Interposer(CoWoS-R)Packages［C］//2021 IEEE 71st Electronic Components and Technology Conference（ECTC）．IEEE，2021.DOI：10.1109/ECTC32696.2021.00125.

［29］Goel S K，Adham S，Min mg er Wang，et al.Test and Debug Strategy for TSMC CoWoS Stacking Process Ⅱ| ased Heterogeneous 3D ⊕ C：A Silicon Study［M］．John Wiley & Sons，Ltd，2019.

［30］Manna A L ，Buisson T ，Detalle M ，et al.Challenges and improvements for 3D-IC integration using ultra thin(25 μ m) devices［C］//Electronic Components & Technology Conference. IEEE，2012.DOI：10.1109/ECTC.2012.6248880.

［31］Salahouelhadj A ，Gonzalez M ，Vanstreels K ，et al.Analysis of warpage of a flip-chip BGA package under thermal loading：Finite element modelling and experimental validation［J］．Microelectronic engineering，2023.

［32］Jeronimo M B ，Schindele J ，Straub H ，et al.On the influence of lid materials for flip-chip ball grid array package applications［J］．Microelectronics Reliability，2023.DOI：10.1016/ j.microrel.2022.114869.

［33］Wojnowski M ，Issakov V ，Knoblinger G ，et al.High-Q embedded inductors in fan-out eWLB for 6 GHz CMOS VCO［J］．IEEE，2011.DOI：10.1109/ECTC.2011.5898689.

［34］Hong S J，Hong S C，Kim W J，et al.Copper Filling to TSV（Through-Si-Via）and Simplification of Bumping Process［J］．cancer research，2010.DOI：10.1158/0008-5472.CAN -13-3534.

［35］Chen S，Jian X，Li K，et al.Effect of temperature cycling on the leakage mechanism of TSV liner［J］．Microelectronics Reliability，2023，141：114889.

[36] Xu J, Sun Y, Liu J, et al.Fabrication and high-frequency characterization of low-cost fan-in/out WLP technology with RDL for 2.5D/3D heterogeneous integration [J]. Microelectronics journal, 2022 (Jan.): 119.

[37] 欧祥鹏, 杨在利, 唐波, 等. 2.5D/3D 硅基光电子集成技术及应用 [J]. 光通信研究, 2023 (1): 1-16.

[38] Zheng T, Bakir M S. Benchmarking Frequency-Dependent Parasitics of Fine-Pitch Off-Chip I/Os for 2.5D and 3D Heterogeneous Integration [J]. IEEE Transactions on Components, Packaging and Manufacturing Technology, 2022.DOI: 10.1109 /TCPMT.2022.3223966.

[39] Abdullah M F, Lee H W.Technology review of CNTs TSV in 3D IC and 2.5D packaging: Progress and challenges from an electrical viewpoint [J]. Microelectronic Engineering, 2024, 290. DOI: 10.1016/j.mee.2024.112189.

撰稿人: 常晓阳　魏家琦

ABSTRACTS

Comprehensive Report

Report on Advances in Scientific Instruments and Equipments for Integrated Circuits

The development and industrial progress of disciplines related to advanced scientific and integrated circuit equipment are mutually reinforcing and interdependent. In this era of globalization, advanced integrated circuit products need to rely on advanced manufacturing equipment. Mastering advanced equipment technology has become an important manifestation of a country's comprehensive strength and strategic competitiveness. The development of advanced instruments and equipment technology cannot be separated from a good scientific research environment and professional technical personnel. In this competition, it is ultimately the training of talents and the competition of scientific research and technology capabilities, which is closely related to the development of advanced scientific and integrated circuit equipment related disciplines. It will greatly enhance the overall strength and international competitiveness of China's integrated circuit industry to solve the current problems faced by the discipline, such as talent shortage, weak basic research, and disjointed production, learning and research, and promote the high-quality development of the discipline. This is not only related to national security and scientific and technological progress, but also will promote global scientific and technological cooperation for the benefit of human society.

In terms of China's integrated circuit industry, western countries have monopolized the technology and market of advanced manufacturing equipment, and imposed technical blockade on China, which has made China's integrated circuit industry encounter difficulties in the field of key equipment. Although there are some breakthroughs in domestic equipment, there are still shortcomings compared with international advanced manufacturing equipment. In addition, domestic equipment lacks key technologies such as core parts, process materials and control software. In particular, photolithography machines, semiconductor testing equipment, etc. have serious shortcomings and are completely dependent on imports.

Integrated circuit manufacturing equipment can be divided into two categories: front end of line (FEOL) equipment and back end of line (BEOL) equipment, which are respectively used for wafer manufacturing and assembly, testing, and packaging. There is a serious separation between production and sales of integrated circuit manufacturing equipment. China and South Korea are the main equipment consumption regions. Although the global integrated circuit industry has experienced a downward trend, the global total sales of integrated circuit manufacturing equipment still keep growing, and China has become the world's largest market for three consecutive years. The United States, Japan and Europe are the main equipment production and supply countries. The United States is the leader in the front equipment, Europe is famous for the photolithography equipment of the Netherlands, and Japan is the leader in the rear equipment. In particular, in recent years, the United States, Japan and Europe have imposed strict controls on Chinese semiconductor equipment exports, which has restricted Chinese integrated circuit industry. High end instruments and equipment have become the key factor limiting the development of Chinese integrated circuit industry.

According to the classification of integrated circuit manufacturing equipment and the technical progress of advanced equipment, this report describes the core technologies of the former and the back equipment, analyzes the relevant technical characteristics, development trends and core technical difficulties, and points out the development of relevant technologies at home and abroad and the technical bottlenecks faced by China. The front equipment involved mainly includes photolithography machine, etching machine, coating equipment, ion implantation equipment, cleaning equipment, heat treatment equipment, CMP equipment and measurement equipment. The rear equipment involved mainly includes thinning equipment, wire bonding equipment, flip chip bonding equipment, electroplating equipment, wafer bonding equipment, sorting equipment, dicing equipment, testing machine and probe bench.

Scientific research cannot be separated from the support of advanced instrument and equipment related disciplines. In terms of integrated circuit related scientific research, this report mainly analyzes the instruments and equipment used to manufacture nano devices, explore new materials and new phenomena, mainly involving related instruments and technology development trends designed based on many physical principles, such as light, electricity, magnetism, force, etc., and related equipment includes electron beam exposure equipment, magnetic measurement equipment, atomic probe microscope High frequency electronic instruments, X-ray equipment, pulsed laser deposition and molecular beam epitaxy. This paper discusses the scientific research instruments that may be applied in the integrated circuit industry, and analyzes the future development trend of science and technology related to scientific research instruments in the application of integrated circuits.

From the perspective of the development process of integrated circuit equipment technology, the development of traditional integrated circuit equipment cannot be separated from the influence and inspiration of scientific research equipment. With the rapid development of information technology, integrated circuit, as the core of modern electronic products, its manufacturing and R&D become increasingly complex. The application of advanced scientific instruments provides more accurate measurement, analysis and control means for the integrated circuit industry. Especially in the research and development of next-generation integrated circuits, scientific research equipment has strongly promoted the technological progress of the industry, helped to ensure the performance and quality of integrated circuits, and promoted technological innovation. The potential applications of these scientific instruments in the IC manufacturing process cover the fields of process research, quality control and fault analysis, and play a vital role in improving production efficiency, reducing costs and optimizing product performance. Although the scale of the scientific research instrument industry is small, it plays an important role in the development of the entire integrated circuit industry. In the early 1990s, the National Bureau of Standards of the U.S. Department of Commerce issued a report: the total output value of the instrument industry only accounts for 4% of the total industrial output value, but its impact on the national economy reaches 66%. With the continuous progress of technology, the application of scientific instruments in the integrated circuit industry will continue to evolve, bringing new opportunities and challenges to the development of the industry.

Through a panoramic review of the global development and domestic status of technologies related to advanced scientific and integrated circuit equipment, we can see that Chinese integrated circuit related equipment industry is still in the catch-up stage relative to the international leading level, which is roughly reflected in the following: the self-controlled technical system has not been established, the research on key core components has not yet broken through, and the policy system supporting independent research and development is not yet sound, The ecological closed-loop around the sustainable development of industrial applications has not yet formed, the internal cycle of basic research industrial R&D has not yet formed, the talent base is not large enough, the structure is unreasonable, and the high-level technical personnel training system needs to be improved. It still needs active layout and precise support at all levels, such as core parts, key technologies, complete machine systems, scientific research system adjustment, and industrial talent cultivation.

China is facing a shortage of talents in the field of advanced instruments and equipment, especially the cultivation of high-level talents needs time and investment. There is a clear gap between the quality and quantity of talent training in domestic universities and that in foreign countries. There is a serious problem of separation between disciplines, especially the lack of basic disciplines. The advanced instrument industry has a long production cycle and weak talent attraction, which also affects the size and structure of the instrument R&D talent team. Therefore, it is urgent to strengthen the development of relevant disciplines and accelerate the training of high-level talents in short supply to support China to become a manufacturing and scientific and technological power. Therefore, colleges and universities, enterprises and investment institutions should be encouraged to work together to promote industrial incubation and strengthen the cultivation of scarce talents.

High end instruments and equipment are crucial to scientific and technological innovation and national development. China is facing challenges in this field, but there are also huge opportunities. Observing the development of the integrated circuit industry, the technology alliances led by governments of various countries have almost played a role in turning the tide in the geographical competition of the integrated circuit industry at different stages, such as the VLSI Program of Japan, SEMATECH of the United States and other technology development alliances. In this regard, China should strengthen top-level planning and establish its own technology alliance.

Written by Wang Xinhe, Chang Xiaoyang, Wei Guodong, Zheng Xiangyu, Wei Jiaqi

Report on Special Topics

Report on Advances in Integrated Circuit Industry Chain

The global integrated circuit industry is undergoing rapid changes, with the design, manufacturing, and packaging markets continuing to expand. The industry features distinctive characteristics and the head effect is relatively obvious, with a few leading enterprises occupying the dominant position in the market. At the same time, the competition between China and the United States in the integrated circuit industry chain is becoming increasingly fierce. Compared with the semiconductor industry chain and equipment in China and the United States, the United States has a leading advantage in basic research, EDA/IP, chip design, manufacturing equipment, etc., while China is developing rapidly in wafer manufacturing and packaging testing. Currently, the United States, Europe, Japan, South Korea and other countries are trying to consolidate their technological leadership through the implementation of semiconductor-related policies; while China is also striving to improve the self-sufficiency rate of advanced equipment through development planning and accelerate the pace of catching up. In the future, with the popularization of emerging technologies such as 5G, Internet of Things, and artificial intelligence, the integrated circuit industry will usher in more new opportunities and challenges.

Written by Chang Xiaoyang

Report on Advances in Advanced Instrument and Process

The semiconductor equipment is the cornerstone of semiconductor chip manufacturing, which holds up the entire modern electronic information industry and is the foundation and core of the semiconductor industry. This report starts with the characteristics of the semiconductor industry of "one generation of equipment, one generation of technology", analyzes the technical system, development trend, equipment supply situation and development strategy suggestions for lithography equipment, etching equipment, coating equipment, FEOL detection equipment and other semiconductor equipment, and then elaborates on the advanced logic chip technology, advanced storage technology and advanced characteristic technology according to the latest technological progress, analyzes the latest development trends, and gives development strategy suggestions.

Written by Zheng Xiangyu, Chang Xiaoyang, Wang Xinhe

Report on Advances in Core Components and Key Materials

Core components and key materials are the key to the sustainable development of this industry. In-depth understanding of the current development status of core components and key materials not only helps us grasp industry dynamics, but also provides strong decision-making support for future technology research and market expansion. This article will detail the current development status of core components and key materials, analyze the challenges and opportunities they face, and explore their future development trends. Through this series of analysis and analysis, we can have a deeper understanding of the core technologies of semiconductor advanced equipment

ABSTRACTS

and advanced technology, and provide useful reference for the healthy and rapid development of China's semiconductor industry.

Written by Chang Xiaoyang, Wei Guodong

Report on Advances in Advanced Packaging and Testing Technology Instrument

This report focuses on the significant role of advanced packaging and testing technology equipment in the semiconductor industry. As the final step in semiconductor manufacturing, packaging and testing play a crucial role in ensuring product quality and performance stability. The report first outlines the technical framework and market supply situation of traditional packaging and testing equipment, and then provides a comparative analysis of the technical systems and market supply of advanced packaging and testing equipment. Based on the development trends, corresponding strategic suggestions are proposed. Additionally, the report delves into the process measurement and chip measurement equipment involved in the field of integrated circuits, explaining their technical principles and market supply situations. Combined with China's realities, targeted development strategies and suggestions are presented. Through comprehensive analysis, this report aims to provide decision support for promoting the healthy and rapid development of China's semiconductor industry.

Written by Chang Xiaoyang, Wei Jiaqi

索 引

A

阿斯麦　11，27，57

B

半导体　4，6~15，19~27，29~32，34~41，45~57，60~65，67~70，72~81，84，86~96，98~121，123~134，139，141，142，144，148，151~153

半导体战略　24

薄膜沉积　3，7，10，11，22，25，32，33，71，72，73，134，135

补链强链　35

C

材料　3，5，7~12，14，16，20~28，30，32~40，45~48，50，52，53，57~59，63~65，68~73，75~78，92，93，96，98~106，108~118，129，130，132，134，135，137，139，142，144~154

测试机　14，15，127，130，151，152，153

产教融合　5

磁测量设备　16

存　储　7，8，14，19，20，26，34，40，48，49，51，53，61，62，69，72，73，75~77，81，82，84~92，95，102，109，114，116，120，122，123，125，127，129，139，141，152

D

倒装焊　13，112，127

电镀设备　13

电控部件　38，97

电子束曝光　15，16

F

发展趋势　3，30，33，34，41，45，47，93，112，121，124，125，130，152

分选设备　14

分子束外延　22，23

封　测　4，15，26，47，52，80，93，104，106，119~122，124，125，128~131，152，153

索 引

G

高频电子仪器 19
攻关 25，30，35~37，39，40，58，64~67，76，117，129，151，153
供应链 8，24，25，30，32，35，36，38，39，51，55，62，63，67，70，71，73，97，100，129
光刻机 3~6，25，26，28，30~32，40，47，52，53，56~69，91，92，97，99，108，118，125
硅/碳化硅件 38
国产化率 10~12，15，26，30，34~36，38，40，64，72，99，100，102，116，152
过滤部件 38，97

H

核心零部件 3，21，25，30，32，35，37~40，58，63，67，70，71，96~98，100，125
后道设备 4，12，25
化学机械抛光 3，10，94，113，118，126
化学气相沉积 22，32，71，72，77，97，98，104，106，109，125，126
划片 14，15，26，27，120

J

极紫外光刻 31，62，64
集成电路 3~12，14~16，18~30，32~41，45，47~50，53，54，56，57，60，61，64，66，67~78，80，81，86，90~103，107~110，112，113，115~121，123~125，127~132，135，137，140，143，151~154
技术交流合作 36

价值链 41，48，51
检测设备 4，11，18，20，21，53，60，74~76，116，131，132，142~146
减薄设备 12
金属件 38，97，101
晶圆键合设备 14，125

K

科学仪器 3~5，23，25，28，29，76，147，151
科研设备 15，28
刻蚀机 3，6，7，33~35，56，68~71，97，102，126

L

离子注入机 3，8，9，56，76
量测设备 11，12，25~27，30，40，56，74~76，130~132，148，151
领军人才 4
逻辑 17，33，34，40，46，48，51，53，55，61，62，69，70，73，78，80，81，84，86，89~92，109，114，123，125，139，141，146，147

M

脉冲激光沉积 22
密封件 38，97，101，102
摩尔定律 26，30，32，33，49，60，78，85，94，122，124，128

Q

前道设备 4，5，25，26，46，100，125
清洗机 8，56，78，126

R

热处理　9，10，27，34，77，98，125，126
人才队伍　4
人才培养　4，37，38，45，118，130

S

设备研制专项　28
石墨件　38，97
石英件　38，97，100
塑料件　38，97
陶瓷件　30，38，97，100，101
特色工艺　40，81，86，89~92

W

物理气相沉积　22，32，71，72，97，98，125，126

X

芯片和科学法案　24

Y

学科发展　30
学科融合　5

验证产业链　33，39，71，73
仪器设备　3，23，28，29，65，116
引线键合　12~14，120，127，129
原子层沉积　32，71~73，77，93，98
原子层刻蚀　3，34，70
运动部件　38，97，147

Z

真空镀膜　22
真空件　38，97
智能制造　117
重点专项　28，29
自给率　14，25，35，71，129，130，152
自主创新　4，29，38，64，86